1 077 722

D1751347

Hrsg.: Gerhard Strigel, Anna-Dorothea Ebner von Eschenbach, Ulrich Barjenbruch

Wasser – Grundlage des Lebens

Hydrologie für eine Welt im Wandel

Schweizerbart Science Publishers · Stuttgart · 2010

Wasser – Grundlage des Lebens
Hydrologie für eine Welt im Wandel

ISBN 978-3-510-65266-2
Information on this title: www.schweizerbart.de/9783510652662
© 2010 E. Schweizerbart'sche Verlagsbuchhandlung (Nägele u. Obermiller), Stuttgart, Germany

Das Werk einschließlich aller seiner Teile ist urheberrechtlich geschützt. Jede Verwertung außerhalb der engen Grenzen des Urheberrechtsgesetzes ist ohne Zustimmung des Verlages unzulässig und strafbar. Das gilt besonders für Vervielfältigungen, Übersetzungen, Mikroverfilmungen und die Einspeicherung und Verarbeitung in elektronischen Systemen.

Verlag: E. Schweizerbart'sche Verlagsbuchhandlung (Nägele u. Obermiller)
Johannesstr. 3A, 70176 Stuttgart, Germany
mail@schweizerbart.de
www.schweizerbart.de

∞ Gedruckt auf alterungsbeständigem Papier nach ISO 9706-1994

Satz: DTP + TEXT Eva Burri, Stuttgart · www.dtp-text.de
Printed in Germany by Gulde Druck, Tübingen

Abbildungen Umschlagrückseite: Links Pegelhaus Wittenberg, Mitte Edertalsperre, Rechts Abflussmessung

Herausgeber: Gerhard Strigel, Anna-Dorothea Ebner von Eschenbach, Ulrich Barjenbruch
Bundesanstalt für Gewässerkunde
Am Mainzer Tor 1
56068 Koblenz

im Auftrag des
Bundesministeriums
für Verkehr, Bau und Stadtentwicklung

Bundesministerium
für Verkehr, Bau
und Stadtentwicklung

Inhaltsverzeichnis

Vorwort 5

1 Hydrologische Tatsachen – was untersuchen Hydrologen? 7
Gerhard Strigel, Anna-Dorothea Ebner von Eschenbach und Ulrich Barjenbruch

2 Erfassung hydrologischer Daten – was wird gemessen? 13

2.1 Von der Gewässerkunde zu hydrologischen Diensten 13
Mathias Deutsch

2.2 Niederschlag 17
Gabriele Malitz

2.3 Verdunstung 20
Konrad Miegel und Christian Bernhofer

2.4 Wasserstand 24
Mathias Deutsch

2.5 Abfluss 31
Daniel L. Vischer und Matthias Adler

2.6 Grundwasser 37
Hartmut Wittenberg

3 Bewirtschaftung der Wasserressourcen – wie wird vorgegangen? 43

3.1 Wasserbewirtschaftung
Hydrologie – vom sektoralen Denken zu komplexen Ansätzen 43
Stefan Kaden

3.2 Siedlungswasserwirtschaft
Wasserversorgung und Abwasserentsorgung in Siedlungsräumen 49
Mathias Uhl

3.3 Wasserqualität
Gewässerverunreinigung als Herausforderung 54
Daniel Schwandt

3.4 Hochwasser
Mehr Raum für die Fließgewässer 60
Andreas Götz

3.5 Gefahrenanalyse
Vom Sicherheitsdenken zur Risikobewertung 63
Andreas Schumann

3.6 Binnenschifffahrt
Ein Netz von Wasserstraßen 70
Reinhard Klingen

4 Herausforderungen in der Hydrologie – was muss bewältigt werden? 77

4.1 Trinkwasser
Die Fernwasserversorgung in Baden-Württemberg 77
Hans Dieter Sauer

4.2 Globale Entwicklung
Wasser als limitierender Entwicklungsfaktor............ 82
Lucas Menzel

4.3 Virtuelles Wasser
Woher stammt das Wasser, das in unseren Lebensmitteln steckt?... 88
Dorothea August

4.4 Wasser und Nahrungsmittel
Gefährdet Wasserknappheit die Ernährungssicherheit? 91
Holger Hoff

4.5 Ökologie der Gewässer
Aspekte eines ökologisch intakten Fließgewässers .. 96
Helmut Fischer

4.6 Wasserstandsvorhersage
Wasserstandsvorhersage für Hoch- und Niedrigwasser 100
Silke Rademacher

4.7 Klimawandel und Wasser
Auswirkungen der Erwärmung auf den Wasserhaushalt 104
Thomas Maurer und Hans Moser

5 Blick in die Zukunft der Hydrologie – Ideen und Ziele.................................... 113

Die Autoren... 121
Bildnachweis 123
Literaturverzeichnis... 127
Stichwortverzeichnis 135

Vorwort

(BMVBS/Fotograf: Frank Ossenbrink)

Vor gut 200 Jahren – am 13. Februar 1810 – wurde die „Pegel-Instruction" in Preußen eingeführt. Dieses Datum markiert den Beginn der systematischen quantitativen Erfassung der Wasserstandsentwicklung in Deutschland. Damit war die Voraussetzung für einen zielgerichteten Umgang mit unseren Gewässern durch den Staat und seine Verwaltung geschaffen.

200 Jahre Hydrologie in Deutschland – dieses Jubiläum nimmt das Bundesministerium für Verkehr, Bau und Stadtentwicklung zum Anlass, die Bedeutung der Hydrologie für die Daseinsvorsorge unserer Gesellschaft und die damit verbundenen Leistungen von Verwaltung, Verbänden und Wissenschaft mit einem fachlichen Gedenkband zu würdigen.

Mit der Bewirtschaftung der großen Flüsse und Kanäle als Bundeswasserstraßen übernimmt das Bundesministerium für Verkehr, Bau und Stadtentwicklung umfangreiche Aufgaben der Hydrologie in Deutschland. Seine Wasser- und Schifffahrtsverwaltung betreibt dazu mit Unterstützung der Bundesanstalt für Gewässerkunde, Bundesanstalt für Wasserbau und des Bundesamtes für Seeschifffahrt und Hydrographie mit fast 2.000 Messstellen das größte hydrologische Messnetz in Deutschland. Vorhersagesysteme helfen der Schifffahrt, die Wasserwege optimal zu nutzen. Bürgerinnen und Bürger können heute über das Internet die Wasserstandsentwicklung der schiffbaren Gewässer direkt mitverfolgen.

Der Behördenverbund im Verkehrsbereich arbeitet dabei eng mit den weiteren Akteuren an den Gewässern bei Bund, Ländern und Kommunen sowie Verbänden und Wissenschaftseinrichtungen zusammen. Damit werden Synergien für andere wichtige Arbeitsgebiete wie Hochwasserschutz, Küstenschutz, Energiegewinnung, Wasserqualität und Naturschutz erzeugt. Über Gremien wie die Internationalen Flussgebietskommissionen und Europäische Institutionen besteht eine intensive Zusammenarbeit auch mit unseren Nachbarstaaten.

Die Hydrologie ist, wenn man so will, ein Kind der industriellen Revolution. Für den Ausbau der erforderlichen Infrastruktur – Straßen, Brücken, Wasserwege, die Ausweitung der Siedlungen und den Bau der Eisenbahnlinien – waren Daten über die Wasserstände und die Wasserführung von Flüssen eine unabdingbare Voraussetzung. Nur so ließen sich sichere Brücken über Flüsse schlagen, Eisenbahntrassen so durch ein Flusstal legen, dass sie nicht überflutet werden, Flüsse regulieren und Siedlungen mit Deichen vor Hochwasser schützen.

In den folgenden Jahrzehnten war die Hydrologie als Dienstleister des Wasserbaus tätig, doch mit fortschreitender Industrialisierung kam eine neue Aufgabe hinzu. Durch die Abwässer aus der Industrie und den Siedlungen wurden die Gewässer zunehmend verschmutzt. Es galt nun, die Ressource Wasser zu schützen bzw. zunächst einmal festzustellen, von wem und wie stark sie in Mitleidenschaft gezogen wird. So wurden beispielsweise zu Beginn des 20. Jahrhunderts die ersten systematischen Untersuchungen über die Qualität des Rheinwassers durchgeführt.

In einem langwierigen Prozess gelang es, die Verschmutzung der Gewässer wieder zu reduzieren und die Lebensgrundlage Wasser hinreichend zu sichern. Heute liegt ein weiterer Schwerpunkt der Gewässerbewirtschaftung darin, die Gewässer als Lebensraum für die Vielfalt der Tier- und Pflanzenarten zu erhalten oder wiederherzustellen. Neben einer guten Wasserqualität bedarf es dazu einer naturnahen Ausformung von Ufer, Vorland und Gewässer und der Herstellung der Durchgängigkeit für wandernde Arten auf gesamter Länge. Die Hydrologie liefert dazu die gewässerkundlichen Grundlagen.

In kaum einem anderen Gebiet ist es besser gelungen, die Nutzung eines Naturgutes und seinen Schutz so in Einklang zu bringen wie beim Wasser. Ein besonders eindrucksvolles Beispiel dafür ist der Rhein. Er ist nicht nur mit Abstand der wichtigste Wassertransportweg Europas, sondern treibt auch Laufwasserkraftwerke, kühlt Wärmekraftwerke und liefert den Chemiekomplexen bei Basel und Mannheim-Ludwigshafen und vielen anderen Industriebetrieben das nötige Brauchwasser. Alles in allem dürfte der Rhein einer der am stärksten genutzten Flüsse der Welt sein und trotzdem schwimmen wieder Lachse in ihm.

Mit dem Klimawandel kommen neue Herausforderungen auf die Hydrologie zu. Sie soll ergründen, welche Auswirkungen die globale Erwärmung auf den Wasserkreislauf und die Wasserführung der Flüsse und die daran gebundene Gewässerökologie hat. Vorhersagesysteme für die vielfältigen Nutzungen der Gewässer sind aufzubauen und weiterzuentwickeln.

Während sich für Mitteleuropa die Auswirkungen wohl in einem beherrschbaren Rahmen halten werden, kommen auf andere Weltgegenden existenzielle Risiken zu. Das rührt nicht allein vom Klimawandel her, sondern mehr noch von den sozioökonomischen Umwälzungen, die mit dem Begriff „globaler Wandel" umschrieben werden. So beruht die Ernährung der wachsenden Weltbevölkerung zunehmend auf Bewässerungslandwirtschaft, hochwassergefährdete Flusstäler sind folglich dicht besiedelt. Welche Folgen es haben kann, wenn unzureichend Vorsorge getroffen wird, machen Hochwasser in allen Teilen der Erde immer wieder deutlich.

Die Hydrologie hat in der Vergangenheit schwerwiegende Probleme gemeistert, aber nicht minder große Aufgaben liegen vor ihr. Sie hat eine Schlüsselfunktion für Schutz, Erhalt und Bewirtschaftung einer der wichtigsten Lebensgrundlagen des Menschen, das Wasser.

Dr. Peter Ramsauer MdB
Bundesminister für Verkehr, Bau und Stadtentwicklung

1 Hydrologische Tatsachen – was untersuchen Hydrologen?

„Ohne Wasser wäre kein Leben auf dieser Erde möglich". Das ist eine Binsenweisheit, zugleich aber eine tiefgehende wissenschaftliche Erkenntnis. Nicht umsonst suchen die Forscher, die auf Planeten in den Tiefen des Weltalls nach Leben spähen, mit als Erstes nach Anzeichen für Wasser. Nur wo Wasser ist, kann es Leben geben. Das Leben auf der Erde ist im Wasser des Urozeans entstanden. Deshalb besteht zwischen uns Menschen und dem Wasser eine solch enge Verbindung wie zu keinem anderen Stoff unserer Erde. Wir tragen dieses Erbe noch in unseren Adern. Die chemische Zusammensetzung unseres Blutes ist sehr ähnlich der des Meereswassers.

Für den Menschen, wie für alle Lebewesen auf dem Festland, muss die lebensnotwendige Flüssigkeit allerdings Süßwasser sein. Doch Süßwasser ist vergleichsweise rar auf der Erde, auch wenn unsere Heimat vom Weltall aus als blauer, größtenteils von Wasser bedeckter Planet erscheint. Fast alles Wasser auf der Erde ist Salzwasser, nur 3 % der Gesamtwassermenge sind Süßwasser und davon sind 2 % als Eis in den Polkappen, in Gletschern und in Permafrostböden gebunden. Vom flüssigen Süßwasser wiederum befindet sich der allergrößte Teil mehr oder minder tief als Grundwasser im Boden. Nur ein winziger Rest von 0,3 % des Süßwassers ist in Seen, Sümpfen und Flüssen direkt zugänglich.

Doch zum Glück wird Wasser nicht wie andere Rohstoffe aufgebraucht, auch wenn gemeinhin von Wasserverbrauch die Rede ist. Die Gesamtmenge des Wassers nimmt nicht zu und nimmt nicht ab. Was mit Wasser auch geschieht, es bleibt Wasser und geht nicht verloren. Es zirkuliert in einem endlosen Kreislauf. Auch das vom Menschen benutzte Wasser kehrt in diesen Kreislauf zurück, wird gereinigt und kann wieder „verbraucht" werden.

Durch die Sonneneinstrahlung verdunstet Wasser ständig von den Ozeanen und vom Festland. Es steigt als Wasserdampf in die Atmosphäre auf, kühlt sich ab, kondensiert zu Wassertropfen oder Eiskristallen und gelangt als Regen oder Schnee wieder zur Erde. Das Regenwasser nimmt verschie-

Hydrologie
Die Hydrologie ist die Wissenschaft, die sich mit dem Wasser über, auf und unter der Landoberfläche der Erde, seinen Erscheinungsformen, der räumlichen und zeitlichen Verteilung, seinen biologischen, chemischen und physikalischen Eigenschaften und seinen Wechselbeziehungen mit der Umwelt befasst.

Hydrologisches Regime
Variationen des Zustands und der Merkmale eines Gewässers, die sich in Bezug auf Zeit und Raum regelmäßig wiederholen und die bestimmte Phasen, z.B. jahreszeitliche, durchlaufen.

Wasserdargebot
Wassermenge, die aus Oberflächen- und Grundwasser in einer bestimmten Zeitspanne entnommen werden kann.

1 Hydrologische Tatsachen – was untersuchen Hydrologen?

Den globalen Wasserkreislauf darf man sich allerdings nicht als einen einzigen großen Zyklus vorstellen, tatsächlich besteht er aus sehr vielen miteinander verwobenen Wasserkreisläufen unterschiedlicher Größenordnung. Mit einem Tiefdruckgebiet werden gewaltige Wassermengen vom Atlantik nach Europa transportiert. Gleichzeitig schlägt sich Wasser, das Tags von einer Wiese verdunstet, in der Nacht wieder als Tau nieder; Wasser, das im Sommer aus einem Gebirgs-

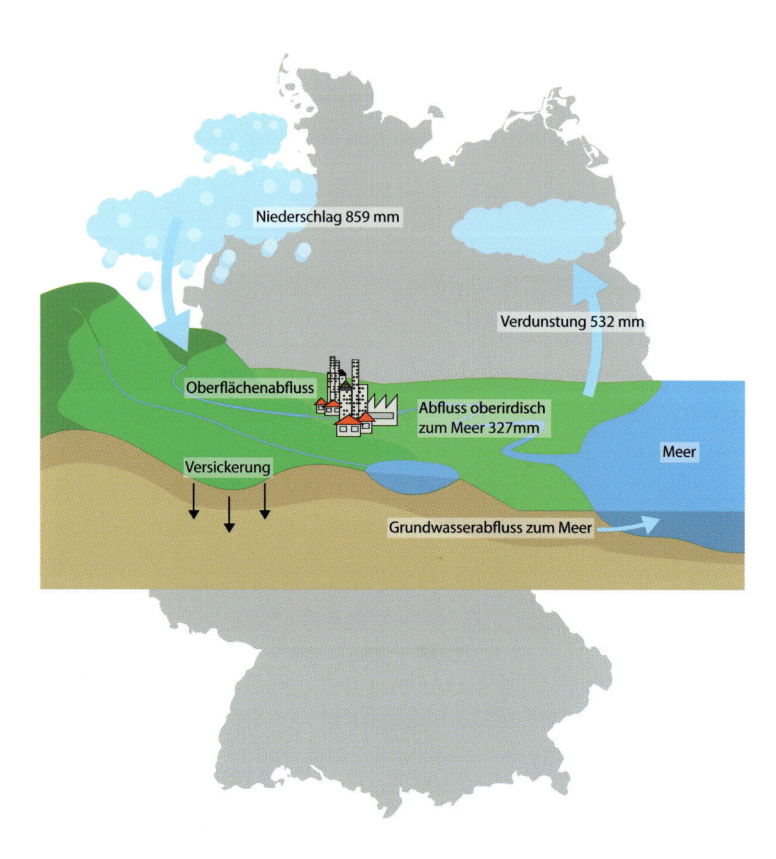

Abb. 1.1 Wasserkreislauf und Wasserströme (mm pro Jahr) in Deutschland für die Zeitreihe 1961–1990

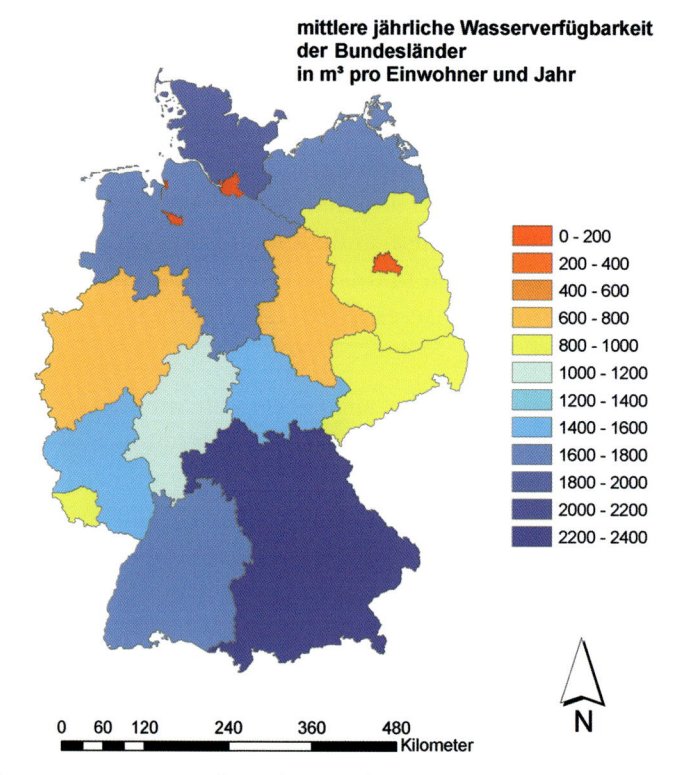

Abb. 1.2 Wassermengen, die in den einzelnen Bundesländern zur Verfügung stehen, Zeitreihe 1961–1990

dene Wege. Es verdunstet wieder rasch vom Boden oder über die Pflanzen, sickert ins Grundwasser oder sammelt sich in Rinnsalen, Bächen, Flüssen und Strömen, um so wieder ins Meer zu gelangen. Schnee wird nach mehr oder minder langer Verzögerung zu Schmelzwasser.

1 Hydrologische Tatsachen – was untersuchen Hydrologen?

Gesamtabfluss: 5595 m³/s
Abflussanteil aus Deutschland: 3345 m³/s
Zufluss in die Elbe: 315 m³/s
Zufluss in den Rhein: 1260 m³/s
Zufluss in die Donau: 675 m³/s

Abb. 1.3 Zuflüsse aus den Nachbarstaaten in Rhein, Donau und Elbe

see verdunstet, regnet aus Gewitterwolken an den Bergen ab und fließt in den See zurück. Die „Wasserkreisläufe" sind das Studienobjekt der Hydrologie (griechisch: die Lehre vom Wasser). Das Geschehen lässt sich in eine einfache Formel fassen: $A = N - V$; was vom Niederschlag (N) nicht verdunstet (V), fließt ab (A), oberirdisch und unterirdisch. Diese Bilanz hat universelle Gültigkeit, ganz gleich, ob es sich um ein Wiesenstück oder das gesamte Einzugsgebiet eines Flusses handelt.

Abb. 1.4 Das in Seen, Sümpfen und Flüssen gespeicherte Wasser beträgt 0,3 % der gesamten verfügbaren Süßwassermenge

Abb. 1.5 In Polareis, Gletschern und Permafrostböden sind 2 % der gesamten verfügbaren Süßwassermenge gespeichert

Doch so einfach die grundlegende Formel aussieht, die tatsächliche Erfassung der drei Größen des Wasserhaushalts ist ein äußerst schwieriges Unterfangen. Das rührt zum einen daher, dass Niederschlag und Verdunstung nur punktuell gemessen werden können, daraus aber Werte für ein Gebiet abgeleitet werden müssen. Auch die Bestimmung des Abflusses, man stelle sich einen wild dahinschießenden Fluss vor, ist alles andere als einfach. Da zudem der Wasserkreislauf nicht einer gleichmäßig arbeitenden Maschine ähnelt, sondern mit den Jahreszeiten und auch von Jahr zu Jahr starken Schwankungen unterliegt, müssen die Messungen kontinuierlich vorgenommen werden. Nur aus langen Messreihen lässt sich ein zutreffendes Bild davon gewinnen, was in der Natur vor sich geht.

Die klassische Hydrologie richtete ihr Hauptaugenmerk auf die Messung des Abflusses; um zu einem tiefgehenden Verständnis der hydrologischen Prozesse zu kommen, müssen aber auch Niederschlag und Verdunstung genau bekannt sein. Die Erfassung dieser Größen gewinnt deshalb immer mehr an Bedeutung. Wie die Hydrologie im Lauf ihrer Entwicklung ihren verschiedenen Aufgaben unter fortwährender Verbesserung der Messtechnik nachgegangen ist, wird im 2. Kapitel beschrieben.

Etwa 100.000 km^3 Wasser fallen jährlich als Niederschlag auf die Landfläche. Davon werden 60.000 km^3 vom Boden aufgenommen und stehen der Biosphäre und der Verdunstung zur Verfügung. Von Kontinenten fließen demnach jährlich schätzungsweise 40.000 km^3 Wasser ins Meer. Das ist der Wasserstrom, der der Menschheit zur nachhaltigen Bewirtschaftung anvertraut ist. Bedenkt man, dass inzwischen fast 7 Milliarden Menschen die Erde bevölkern, so muss jeder mit 5.700 m^3 pro Jahr auskommen. Das ist ein überschaubares Volumen. Es füllt ein Becken von 50 mal 60 Meter und 1,90 Meter Tiefe. Der Mittelwert ist hier jedoch nicht sehr aussagekräftig. Das Wasserdargebot ist sehr ungleichmäßig über die Erde verteilt. Große Teile der Menschheit leben in wasserarmen Gebieten und müssen mit weniger als 1.000 m^3 pro Jahr auskommen.

1 Hydrologische Tatsachen – was untersuchen Hydrologen?

Die Deckung des reinen Trinkwasserbedarfs von etwa 2 m³ pro Jahr ist dabei das geringste Problem. Doch die Menschen wollen mehr als nur die reine Trinkwassermenge. Vom Waschen bis zu industriellen Prozessen und der Kühlung von Kraftwerken wird Wasser für eine Vielzahl von Zwecken eingesetzt. Meistens ist es danach verunreinigt. Gebrauchtes Wasser so zu behandeln, dass es ohne Schaden wieder in den natürlichen Wasserkreislauf zurückgeführt werden kann, ist eine der wichtigsten Aufgaben der modernen Zivilisation. Während Wassermangel in der Regel ein chronisches Problem ist, tritt das Gegenteil – Hochwasser – nur gelegentlich auf, dann aber oft mit katastrophalen Folgen. Die Eingrenzung dieser Risiken hat die Hydrologie von Anfang an beschäftigt. Über das Management der Ressource Wasser informiert das 3. Kapitel.

Aller Wahrscheinlichkeit nach wird der Klimawandel den Wasserkreislauf tiefgreifend beeinflussen. Während sich für Mitteleuropa die Auswirkungen wohl in einem beherrschbaren Rahmen halten werden, kommen auf andere Weltgegenden existenzielle Risiken zu. Ein großer Teil der Welternährung beruht auf Bewässerungslandwirtschaft, hochwassergefährdete Flusstäler sind dicht besiedelt. Wenn Wetterextreme zunehmen, wie die Projektionen der Klimamodelle andeuten, kann das die Lebensgrundlage von Millionen Menschen gefährden. Den drängenden Zukunftsfragen und wie sie zu meistern sind, widmen sich die Kapitel 4 und 5.

2 Erfassung hydrologischer Daten – was wird gemessen?

2.1 Von der Gewässerkunde zu hydrologischen Diensten

In der geschichtlichen Entwicklung der hydrologischen Fachdienste und gewässerkundlichen Anstalten in Deutschland vom Anfang des 19. Jahrhunderts bis heute sind drei wesentliche Abschnitte erkennbar.

Zunächst diente die Gewässerkunde mit ihren hydrologischen Diensten fast ausschließlich dem Wasserbau. Wie umfangreiche Aufzeichnungen in staatlichen Archiven und in den Registraturabteilungen wasserwirtschaftlicher Fachbehörden belegen, fand die Hydrologie die größte Unterstützung von Seiten des Wasserbaus, was zur Folge hatte, dass viele hydrologische Fachabteilungen noch bis in das 20. Jahrhundert hinein – sofern sie überhaupt eigenständig existierten – administrativ den Staatsbauverwaltungen angegliedert waren. Ein wichtiger Grund hierfür war und ist, dass die staatlichen Baubehörden für die Umsetzung ihrer Wasserbauprojekte, so zum Beispiel beim Gewässerausbau und der Errichtung von Hochwasserschutzanlagen, dringend auf Daten zu Wasserstand und Abfluss, zu Hoch- und Niedrigwasser, zur jahreszeitlichen Verteilung der Wasserführung sowie auf Gewässerkarten angewiesen waren bzw. sind.

Abb. 2.1.1 Die Bundesanstalt für Gewässerkunde in Koblenz

Von den Anfängen bis zum II. Weltkrieg

Im Laufe des 19. Jahrhunderts nutzte man die Gewässer zunehmend für den Schiffsverkehr sowie für gewerbliche und industrielle Zwecke. Auch der Wasserbedarf in den Siedlungsgebieten nahm ständig zu. Als Reaktion darauf wurde beispielsweise 1898 in Bayern ein sogenanntes „Hydrotechnisches Bureau" als besondere Abteilung der Obersten

2 Erfassung hydrologischer Daten – was wird gemessen?

Im zweiten Abschnitt, zu Beginn des 20. Jahrhunderts, wurden bei der Entwicklung der hydrologischen Fachdienste in Deutschland neue Wege beschritten. Maßgebend hierfür war, dass der Umfang wasserbaulicher Arbeiten sowie die Aufgaben innerhalb der Wasserwirtschaft seit den 80er Jahren des 19. Jahrhunderts stetig zugenommen hatten. Die hydrologischen Dienste bzw. Büros sollten nicht länger nur für die Erfassung und Zulieferung hydrologischer Daten wie Wasserstand und Abfluss oder Gewässerkarten zuständig sein; vielmehr mussten sie neben der Datenerhebung und ihrer Dokumentation nun auch die erfassten Daten auswerten. Deswegen diskutierten die Regierungsvertreter mehrerer deutscher Baubehörde eingerichtet. Die Mitarbeiter sollten die vorhandenen hydrotechnischen Unterlagen auswerten sowie neue, durch den Betrieb von Beobachtungsstationen gewonnene Daten erfassen. In den folgenden Jahren wurde das Aufgabengebiet durch weitere Tätigkeiten ergänzt. Hierzu gehörten die Einrichtung eines Hochwassernachrichtendienstes, die Sammlung von Niederschlags-, Verdunstungs- und Versickerungsdaten sowie die Beobachtung der Grundwasserstände.

Abb. 2.1.2 Seepegel am Südstrand vor Borkum

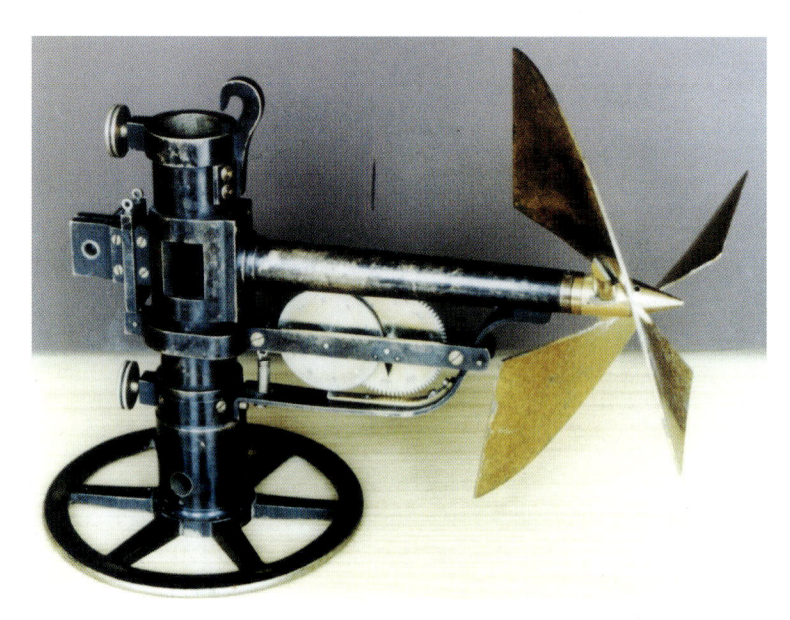

Abb. 2.1.3 Woltmann-Messflügel zur Erfassung der Fließgeschwindigkeit

2.1 Von der Gewässerkunde zu hydrologischen Diensten

Länder zu Beginn des 20. Jahrhunderts intensiv über Möglichkeiten, eigenständige und vom Wasserbauwesen unabhängige gewässerkundliche Anstalten zu gründen. Zu den wichtigsten Einrichtungen in Deutschland, die nach 1900 neu aufgebaut wurden, gehörte die „Preußische Landesanstalt für Gewässerkunde", die am 1. April 1902 in Berlin ihre Arbeit aufnahm. Erster Leiter war der in Fachkreisen hoch angesehene Geheime Oberbaurat Dr.-Ing. E.h. Hermann Keller (1851–1924). Der Zuständigkeitsbereich der neuen Landesanstalt umfasste das preußische Staatsterritorium. Aufgrund entsprechender Verträge kamen die übrigen norddeutschen Länder sowie auch Sachsen und Thüringen hinzu, ehe dort 1912 bzw. 1922 eigenständige gewässerkundliche Anstalten gegründet wurden. Die Aufgaben der neuen Institution, die nach Angliederung des „Büros für die Hauptnivellements" im Jahr 1928 „Preußische Landesanstalt für Gewässerkunde und Hauptnivellements" hieß, umfassten u.a. folgende Arbeitsbereiche:

– Sammlung, einheitliche Bearbeitung und Fortführung der Beobachtungen über den Abflussvorgang bei schiffbaren und nicht schiffbaren Gewässern sowie die Ermittlung der dafür maßgebenden Verhältnisse.
– Verwertung dieser Untersuchungsergebnisse durch Veröffentlichung und erforderlichenfalls Mitwirkung bei der Lösung wasserwirtschaftlicher Fragen aller Art.

Bis zur Schließung der Anstalt im Jahr 1945 erschienen nicht nur 40 Jahrgänge vom „Jahrbuch für die Gewässerkunde", sondern auch zahlreiche richtungsweisende Fachpublikationen. Darüber hinaus wirkten die Mitarbeiter erfolgreich an der Erstellung von Gutachten und an der Entwicklung neuer hydrologischer Messgeräte und Messverfahren mit.

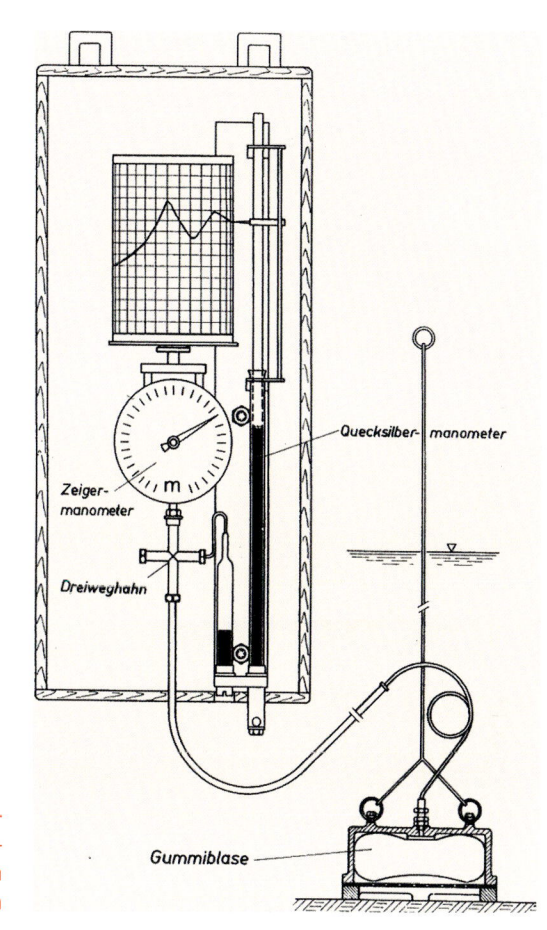

Abb. 2.1.4 Prinzipskizze eines Druckluftpegels aus den 1950er Jahren

Der Neubeginn

Nach dem II. Weltkrieg begann als zunächst mühevoller Neuanfang der dritte Entwicklungsabschnitt. Für das westliche Deutschland wurden die hydrologischen Arbeiten der vormaligen „Preußischen Landesanstalt für Gewässerkunde

2 Erfassung hydrologischer Daten – was wird gemessen?

Abb. 2.1.5 Pegelhaus Wittenberg an der Elbe

hydrologischen Dienste „nicht auf die bloße Registrierung gewässerkundlicher Beobachtungen" beschränken.

In der DDR wurden die Arbeiten Ende der 1940er und Anfang der 1950er Jahre u.a. durch entsprechende hydrologische Fachabteilungen in den Wasserwirtschaftsdirektionen und deren Nachfolgeeinrichtungen fortgeführt. Zudem erfolgte die Erhebung und wissenschaftliche Auswertung hydrologischer Daten am „Institut für Wasserwirtschaft" in Ost-Berlin.

Der aktuelle Stand

Die „Bundesanstalt für Gewässerkunde" ist heute das wissenschaftliche Institut des Bundes für wasserbezogene Forschung, Begutachtung und Beratung in den Bereichen Hydrologie, Gewässernutzung, Ökologie und Gewässerschutz. Als Ressortforschungseinrichtung ist sie Teil der deutschen Wissenschaftslandschaft und dadurch nicht nur national, sondern auch international stark vernetzt.

Nach der bundesstaatlichen Zuständigkeitsverteilung liegt die Bewirtschaftung der Gewässer aktuell bei den Bundesländern. Die Hauptziele ihrer hydrologischen Dienste sind:

– Schutz des Wassers als Bestandteil des Naturhaushaltes
– Verantwortungsvolle Nutzung des Wassers durch den Menschen
– Schutz vor den Gefahren des Wassers

Basis für die Durchführung dieser Aufgaben ist die Erfassung, Speicherung, Analyse und Nutzung hydrologischer Daten.

Der Bund ist Eigentümer der Bundeswasserstraßen, dazu gehören 7.300 km Binnenwasserstraßen sowie Seewasserstra-

und Hauptnivellements" schon im Juli 1945 durch die „Forschungsanstalt für Schiffahrt, Gewässer- und Bodenkunde" in Berlin fortgesetzt. Ab 1952 konnte schließlich die „Bundesanstalt für Gewässerkunde" in Koblenz für den Bereich der Bundeswasserstraßen ihre Arbeit aufnehmen. Folgt man einer im gleichen Jahr veröffentlichten Schrift, sollte sich die Arbeit der gewässerkundlichen Anstalten und damit der

2.2 Niederschlag

ßen mit einer Ausdehnung von 23.000 km². Zuständig für deren Unterhalt, Ausbau und Neubau sowie für die Regelung des Schiffsverkehrs ist die dem „Bundesministerium für Verkehr, Bau und Stadtentwicklung (BMVBS)" nachgeordnete „Wasser- und Schifffahrtsverwaltung des Bundes (WSV)". Die Behörde ist gegliedert in 7 Wasser- und Schifffahrtsdirektionen, 39 Wasser- und Schifffahrtsämter und 7 Wasserstraßenneubauämter.

2.2 Niederschlag

Ein erstes meteorologisches Messnetz in Europa wurde bereits ab 1780 durch die Societas Meteorologica Palatina mit Sitz in Mannheim eingerichtet, das aber nach nur zehnjährigem Bestehen aufgelöst wurde. Eine fortlaufende regelmäßige Niederschlagsmessung in Europa erfolgte erst in der ersten Hälfte des 19. Jahrhunderts. Dabei wurden im Laufe der Jahrzehnte bis heute verschiedene Messgeräte eingesetzt, die das Volumen oder das Gewicht des Niederschlags messen.

Das Spektrum der Niederschlagsmesser, auch als Ombrometer, Pluviometer oder Hyetometer bekannt, reicht von Mehrtagessammlern, sogenannten Totalisatoren, über einmal täglich zu entleerende Messgeräte bis hin zu Geräten, die eine Niederschlagsregistrierung im Minutentakt ermöglichen. Weit verbreitet ist das von Gustav Hellmann, Leiter des damaligen Preußischen Meteorologischen Instituts, im Jahre 1886 entwickelte und später nach ihm benannte Messgerät. Der „Hellmann" ist ein Niederschlagsmesser für

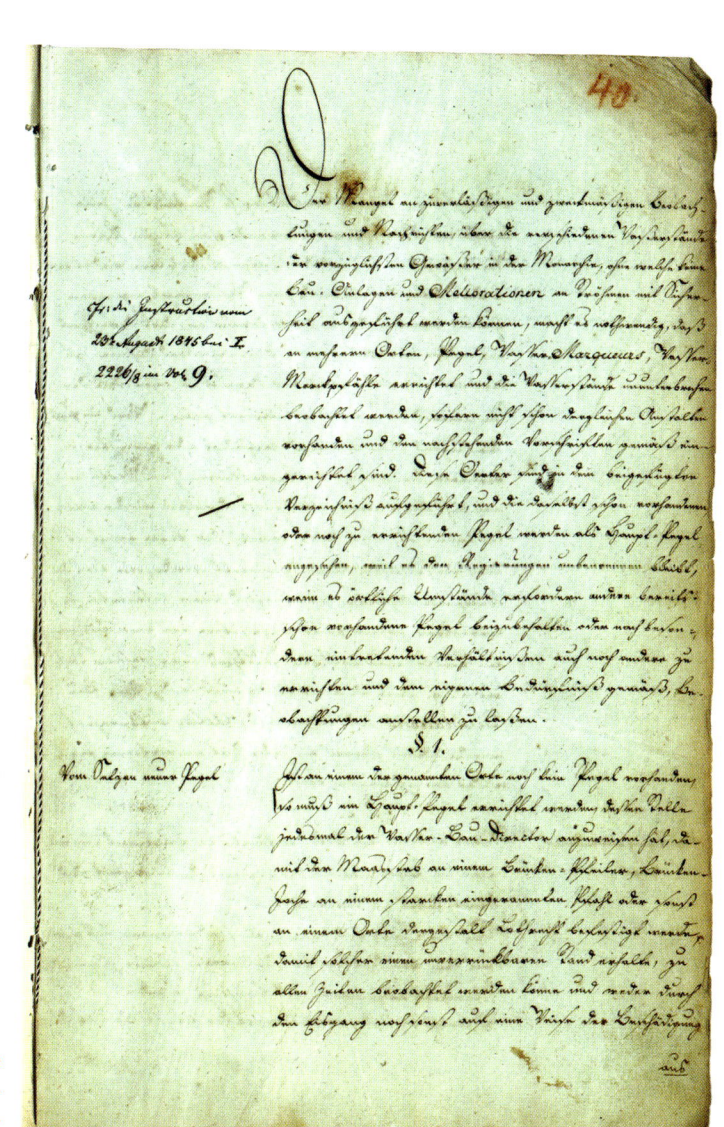

Abb. 2.1.6 Erste Seite der preußischen Pegelinstruktion vom 13. Februar 1810

Abb. 2.2.1 Niederschlagsmessgeräte im Experimentaleinzugsgebiet Wernersbach. Links Niederschlagssammler mit Windschutz, rechts Niederschlagsschreiber mit Analogaufzeichnung

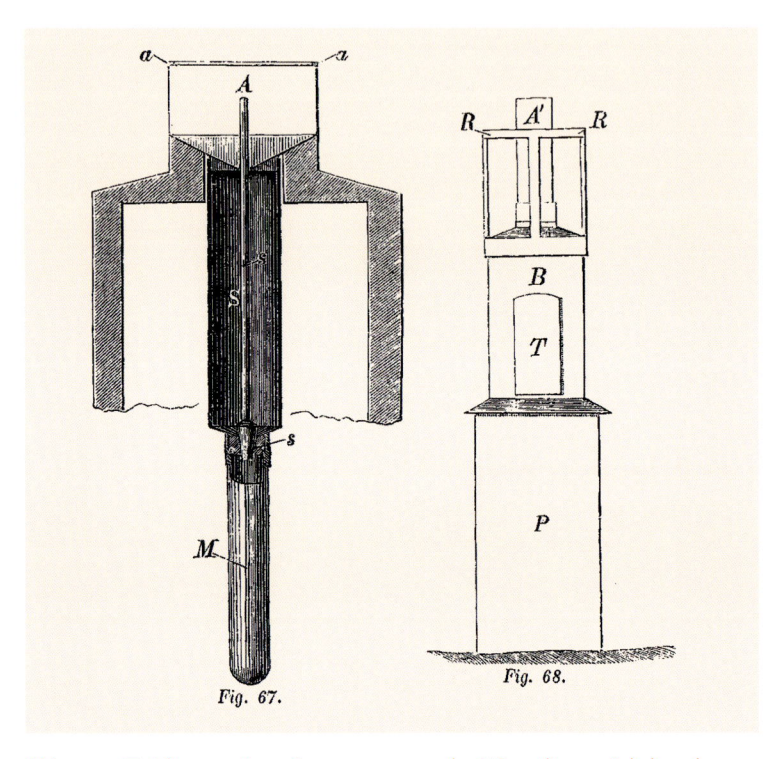

Abb. 2.2.2 Zeichnung eines Regenmessers, der Mitte des 19. Jahrhunderts eingesetzt wurde.

die Erfassung täglicher Niederschlagsmengen. Er besteht aus dem Auffanggefäß mit einer kreisrunden Grundfläche von 200 cm² und einer Sammelkanne. Die Ablesung der Niederschlagshöhe erfolgt in mm, obwohl eigentlich das Volumen des Niederschlagswassers in Liter pro m² gemessen wird. Ein Millimeter entspricht dabei einem Liter pro m².

Die Messung des Niederschlages ist stets mit Fehlern behaftet. Es wird immer zu wenig gemessen. Systematische Messfehler entstehen beim Hellmann-Niederschlagsmesser durch den Einfluss des Windes, durch Benetzungsverluste im Auffangtrichter sowie durch Verdunstung aus der Sammelkanne. Diese Fehler sind jedoch umso kleiner, je größer die Niederschlagsintensität ist. Für hydrologische Bilanzaussagen werden die systematisch auftretenden Niederschlagsverluste rechnerisch ausgeglichen.

Seit Mitte des 20. Jahrhunderts spielen die zeitlich hoch aufgelösten Niederschlagsregistrierungen eine große Rolle. Diese Messungen von Niederschlagsdauer und Niederschlagsintensität werden für kurzfristige hydrologische Vorhersagen

2.2 Niederschlag

Abb. 2.2.3 Zeichnung von „Legelers Regenwindmesser", Mitte 19. Jahrhundert; an diesem Instrument konnten Niederschlagsmenge und Windrichtung abgelesen werden.

dringend benötigt. Anfangs geschah dies mithilfe von analogen Niederschlagsschreibern, ausgestattet mit Schwimmpegel, Schreibarm und Papierstreifen. Heutzutage werden sie ersetzt durch automatische Pluviometer, die mittels Wippe, Waage oder Tropfenzähler die Regenmenge bestimmen und digital an die zuständigen Stellen übermitteln können. Daneben gibt es weitere Messverfahren, z.B. Laser-optische Distrometer, welche die Größe und die Geschwindigkeit der Niederschlagspartikel ermitteln.

Die Messergebnisse sind stationsbezogen. Um ein Niederschlagsfeld räumlich und zeitlich genau zu erfassen, ist eine möglichst flächendeckende Anzahl von Niederschlagmessern notwendig. Der Deutsche Wetterdienst betreibt derzeit über 2.000 Stationen. Dieses Messnetz wird durch Stationen der hydrologischen Dienste der Länder und neuerdings auch privater meteorologischer Dienste weiter verdichtet.

Einen großen Fortschritt stellt die seit einigen Jahren erfolgende Erfassung von Niederschlagsfeldern mit Hilfe von flächendeckend aufgestellten Niederschlagsradaren dar. Der Vorteil dieser Art der Niederschlagsmessung besteht darin,

Abb. 2.2.4 Klimamessstation im hydrologischen Experimentaleinzugsgebiet Rietholzbach, Schweiz. Im Vordergrund zwei Niederschlagsmesser mit digitaler Datenübertragung

dass die momentane Niederschlagssituation über einem großen Gebiet und nicht nur punktuell über einer kleinen Auffangfläche erfasst werden kann. Hierbei wird die Tatsache ausgenutzt, dass die reflektierte Radarstrahlung (Z) abhängig ist von der Intensität des Niederschlages (R). Dieser Zusammenhang, der auch als Z-R-Beziehung bezeichnet wird, ist von vielen Faktoren, z. B. der Größe der Niederschlagstropfen, abhängig. Deshalb müssen die Radarmessungen mit den punktuellen, zeitlich hoch aufgelösten automatischen Niederschlagsmessungen am Boden kalibriert werden, um den „wahren" Wert des Niederschlages zu bestimmen.

Eine Weiterentwicklung zur Verbesserung der Messgenauigkeit sowohl der automatischen Niederschlagsmessgeräte als auch der Niederschlagsradare ist angesichts der Bedeutung von Niederschlagsmenge und Niederschlagsintensität für die hydrologischen Vorhersagemodelle äußerst wichtig.

2.3 Verdunstung

Wasser verdampft nicht nur wenn es kocht, sondern es geht auch schon unterhalb des Siedepunktes in den gasförmigen Zustand über. Diesen Vorgang bezeichnet man als Verdunstung. Sie findet bei allen Temperaturen statt, solange Wasser vorhanden und die Luft nicht mit Wasserdampf gesättigt ist. Sogar von einer Eis- oder Schneeoberfläche kann Wasser direkt vom festen in den gasförmigen Zustand übergehen.

Unter Sonnenstrahlung erreicht die Verdunstung besonders hohe Werte, an einem klaren Sommertag sind in Mitteleu-

Abb. 2.3.1 Class-A-pan zur Erfassung der Verdunstung

ropa mehr als 8 Liter Wasser pro Quadratmeter möglich. In Deutschland verdunsten übers Jahr gesehen zwei Drittel des Niederschlags. Die Verdunstung spielt also im hydrologischen Kreislauf eine herausragende Rolle. Dies wurde im 17. Jahrhundert erkannt. Nachdem zwei französische Wissenschaftler, Pierre Perrault (1608–1680) und Edmé Mariotte

2.3 Verdunstung

(1628–1684), für das Einzugsgebiet der Seine nachgewiesen hatten, dass der Abfluss bei weitem niedriger ist als der Niederschlag, konnte der englische Universalgelehrte Edmond Halley (1656–1742) die Frage nach dem Verbleib des „verschwundenen" Niederschlagswassers beantworten. Halley hat nicht nur die Bahn des nach ihm benannten Halley'schen Kometen berechnet, sondern sich auch auf anderen Gebieten als Mathematiker und Physiker hervorgetan, eben auch, indem er 1687 durch Messungen der Wasserverluste aus einem Gefäß die Verdunstung nachwies. Derartige Messungen blieben aber vorerst auf Einzelfälle beschränkt.

Der Schweizer Physiker und Meteorologe Heinrich von Wild (1833–1902) entwickelte 1874 ein Gerät, das einer Briefwaage ähnelt. Damit konnten die Verdunstungsverluste aus einer mit Wasser gefüllten Schale kontinuierlich erfasst werden. Bei anderen Messgeräten war die Öffnung des mit Wasser gefüllten Gefäßes durch eine poröse Abdeckung verschlossen. Der französische Erfinder Albert Piche entwickelte einen Verdunstungsmesser, bei dem Filterpapier mit Wasser benetzt wird. Ein derartiges Evaporimeter wurde erstmals 1872 in einem meteorologischen Observatorium bei Paris eingesetzt. Der deutsche Agrarwissenschaftler Walter Czeratzki (1912–1978) entwickelte einen Verdunstungsmesser mit einer keramischen Scheibe als Abdeckung und Ersatz für ein transpirierendes Blatt, um näherungsweise die Wasserverluste von Pflanzen zu erfassen. Die Geräte von Piche und Czeratzki werden heute nicht mehr in nennenswertem Umfang eingesetzt.

In den USA sind für den Einsatz in der Landwirtschaft einfache genormte Verdunstungsmesser entwickelt worden. Bei der Class-A-pan handelt es sich um Zylinder von 120 Zentimeter Durchmesser und 25 Zentimeter Tiefe, der auf einer sorgfältig waagerecht ausgerichteten Bodenplatte aufgestellt ist. Indem der Zylinder nach jeweils 24 Stunden wieder bis zu einer bestimmten Marke aufgefüllt wird, lässt sich die vorher durch Verdunstung verloren gegangene Wassermenge ermitteln. Gleichzeitig muss der Niederschlag gemessen werden, um ihn aus den Messergebnissen herauszurechnen.

Die mit den Geräten ermittelten Verdunstungsraten unterscheiden sich deutlich von denen eines Bodens, aber sie liefern Vergleichswerte für die Verdunstung in verschiedenen

Abb. 2.3.2 Lysimeter Groß Lüsewitz in der Erntezeit. Links hinten 2 Lysimeter mit Mais, rechts hinten 2 abgeerntete Lysimeter, vorne mit aufgelaufenem Wintergetreide

klimatischen Gebieten. Zusammen mit Erfahrungswerten können Farmer im Bewässerungslandbau daraus ableiten, wie viel Wasser sie den Pflanzen zuführen müssen. Ausgehend von den USA-Standards hat die World Meteorological Organisation (WMO) Empfehlungen für den Einsatz solcher einfacher Verdunstungsmesser herausgegeben. Das hat ihren weltweiten Einsatz begünstigt. Solche Gefäße werden in unterschiedlichen Umgebungen eingesetzt: auf dem Boden aufgestellt, niveaugleich eingegraben oder schwimmend in Seen eingebracht.

Nach dem Prinzip der Gefäßmessung sind auch Geräte mit sehr großen Abmessungen entwickelt worden. Diese können bis zu zwei Meter tief sein und Oberflächen von bis zu 20 Quadratmetern aufweisen.

Stets bleibt aber das grundlegende Problem bestehen, dass die Versuchsergebnisse ausschließlich die physikalischen Eigenschaften des jeweiligen Versuchskörpers und die Versuchsbedingungen repräsentieren. Sie können also nicht ohne Weiteres auf natürliche Bodenoberflächen übertragen werden. Sie gelten auch nur bei quasi uneingeschränkter Wasserverfügbarkeit und somit nicht für trockene Böden.

Diese Probleme können weitgehend mit Lysimetern überwunden werden. Lysimeter ähneln überdimensionalen Blumentöpfen von 1 bis 3 Meter Tiefe und 1 bis 2 Quadratmeter Oberfläche, die in der Regel mit natürlichen Böden befüllt sind und niveaugleich mit der umgebenden Bodenoberkante abschließen. Je nach Versuchsvorgabe sind sie mit Gras, landwirtschaftlichen Kulturen und bei noch größeren Oberflächen sogar mit Bäumen bewachsen. In Deutschland wurden die ersten Anlagen in den Jahren vor 1930 in einer landwirtschaftlichen und in einer forstlichen Versuchsanstalt aufgestellt. Seit den fünfziger Jahren hat ihre Anzahl ständig zugenommen.

Da Niederschlag und Tiefenversickerung, die Lysimeter sind nach unten durchlässig, simultan erfasst werden, ergibt sich als „Restgröße" die Verdunstung. Für die Bilanzierung sind normalerweise Zeiträume von vielen Jahren erforderlich, in denen sich Änderungen im Wasservorrat des Lysimeters ausgleichen. Um auch für kürzere Zeitintervalle die Verdunstung zu messen, werden wägbare Lysimeter eingesetzt, so dass über die Gewichtsänderung die Änderung des Wasservorrats erfasst werden kann.

Abb. 2.3.3 Wägeeinrichtungen im Lysimeterkeller der Lysimeteranlage Brandis

2.3 Verdunstung

Abb. 2.3.4 Lysimeterwaage mit Sickerwassersammler im Lysimeterkeller der Lysimeteranlage Brandis

Lysimeter sind sehr aufwändige Einrichtungen. Sie stellen unter klar definierten Versuchsbedingungen die beste Annäherung an die natürlichen Verhältnisse dar. Damit liefen sie die Grundlagen für die Entwicklung von Berechnungsverfahren, um von experimentell ermittelten Verdunstungsraten an einem Standort auf solche an anderen Standorten zu schließen.

Die bis hierhin beschriebenen Messverfahren gehören zu den Wasserbilanzmethoden der Verdunstungsmessung. Hierzu zählen auch die Messungen zur Abnahme des Bodenwasservorrats für Standorte und die hydrographische Methode für Einzugsgebiete. Die Bestimmung der Verdunstung aus der Änderung des Bodenwasservorrats ist nur für natürliche Standorte, d.h. für ein durchwurzeltes Bodenprofil möglich. Sie erfolgt durch die Messung des Wassergehalts im Boden zu Beginn und Ende eines Zeitabschnitts und durch die Bildung der Differenz beider Messwerte. Mittels hydrographischer Methode wird die Verdunstung für komplette Einzugsgebiete von Gewässern möglich. Dabei erhält man mittlere Verdunstungsraten allein aus der Differenz von Gebietsniederschlag und Abfluss auf der Grundlage langjähriger Niederschlags- und Abflussmessungen. Werden Angaben für kürzere Zeitabschnitte wie Jahre, Monate oder Tage benötigt, müssen innerhalb dieser Zeitabschnitte zusätzlich die Speicheränderungen ermittelt werden. In den 1950er und 1960ger Jahren wurden in Deutschland verschiedene hydrologische Experimentaleinzugsgebiete eingerichtet u. a. zur Untersuchung der Gebietsverdunstung. Als Beispiel für ein Experimentaleinzugsgebiet in Deutschland kann der Wernersbach im Tharandter Wald mit einem Einzugsgebiet von 4,6 km² angeführt werden. Seit 1968 werden dort kontinuierlich meteorologische und hydrologische Daten erfasst.

Neben die Wasserbilanzmethoden sind Verfahren getreten, bei denen die Verdunstung allein aus meteorologischen Größen abgeleitet wird. So hat der englische Physiker Howard L. Penman 1948 eine Formel entwickelt, in der die Verdunstung von feuchten bewachsenen Landflächen als Funktion von Lufttemperatur, Windgeschwindigkeit, solarer Einstrahlung und relativer Luftfeuchtigkeit dargestellt ist. Die Verdunstung erscheint bei diesen Verfahren folglich nicht

Abb. 2.3.5 Messwehr im hydrologischen Experimentaleinzugsgebiet Wernersbach

als direkte Messgröße, sondern ist das Resultat von teilweise aufwändigen Berechnungen. Der Vorteil dabei ist, dass die zugrundeliegenden Messgrößen einfach, kontinuierlich und genau erhoben werden können.

Die Verdunstung ist nicht nur ein Element des Wasserhaushalts, sondern auch des Wärmehaushalts der verdunstenden Oberfläche; denn die Verdunstung, der Phasenübergang vom festen in den gasförmigen Zustand, erfordert Energie. Das macht man sich beim sogenannten Bowenverhältnis-Verfahren zunutze. Bei ihm wird ermittelt, wie viel der aufgenommenen Strahlung zur Erwärmung der Luft dient (fühlbarer Wärmestrom) und wie viel zur Verdunstung (latenter Wärmestrom). Abschließend wird der latente Wärmestrom in die Wasserhaushaltsgröße Verdunstung umgerechnet.

Die Verdunstung, also der Transport von Feuchtigkeit von der bodennahen Grenzschicht in die Atmosphäre, vollzieht sich in kleinen turbulenten Luftströmen. Fortschritte in der Messtechnik haben es möglich gemacht, diese Vorgänge direkt zu erfassen. Dazu werden die Fluktuationen der vertikalen Windgeschwindigkeit und gleichzeitig die Konzentrationsänderungen von Wasserdampf gemessen. Die Messung der Windgeschwindigkeit erfolgt mit Ultraschallanemometern, die Messung des Wasserdampfgehalts mit Gasanalysatoren. Ein Messintervall beträgt in der Regel 30 Minuten. Über die Abhängigkeit beider Größen, genannt die Kovarianz, kann dann mittels automatischer Rechenverfahren der Austausch von Wasserdampf, d.h. die Verdunstung, bestimmt werden. Die englische Bezeichnung für Luftwirbel ist Eddy. Deshalb wird das Verfahren auch als „Eddy-Kovarianz-Methode" bezeichnet. Messungen im Dauerbetrieb sind inzwischen möglich. So stehen weltweit von 500 Stationen, an denen im Rahmen der Klimaforschung der Austausch von Kohlendioxid und Wasserdampf zwischen Erdoberfläche und Atmosphäre gemessen wird, auch Daten über die Verdunstung zur Verfügung. Der Vorteil der Eddy-Kovarianz-Methode ist, dass sie über allen Vegetationsformen einschließlich Wald einsetzbar ist. Ihre Bedeutung wird daher in Zukunft weiter zunehmen und es ist zu erwarten, dass sie gleichrangig neben die Lysimetermessungen treten wird.

2.4 Wasserstand

Genaue Kenntnisse der hydrologischen Größen „Wasserstand" und „Abfluss" sind die unabdingbaren Voraussetzungen für Wasserbau und Wasserwirtschaft. Wasserstands- und Abflussmessungen bilden deshalb die Grundlage der hydrologischen Datenerfassung. „Wasserstand" bezeichnet die an einem Pegel gemessene Höhe des Wasserspiegels und „Abfluss" die Wassermenge, die pro Zeiteinheit einen Flussquerschnitt durchströmt. Für die momentan etwa 4.900 in Deutschland

Abb. 2.4.1 Wasserstandsradar am Pegel Gsteig bei Interlaken an der Lütschine in der Schweiz. Bei der Wasserstandsmessung sendet der Radarsensor Impulse in Richtung des Gewässers. Die Impulse werden von der Wasseroberfläche reflektiert und von dem Sensor wieder empfangen. Die Laufzeit, die das Signal benötigt, ist umso länger, je weiter die Wasseroberfläche vom Sensorkopf entfernt ist. Aus der Laufzeit leitet sich dann die Höhe des Wasserstandes ab.

Abb. 2.4.2 Prinzipskizze eines „Seibt-Fuess" Fernpegels

2 Erfassung hydrologischer Daten – was wird gemessen?

Abb. 2.4.3 Radarpegel und Pegellatte an der Messstation Walsum am Rhein

die aktuellen Bestimmungen mit den Verordnungen der vergangenen 200 Jahre, so fällt auf, dass sich Inhalte und Zielstellungen in den wesentlichen Punkten kaum geändert haben. Bereits in den Pegelrichtlinien des frühen 19. Jahrhunderts wurden sowohl die Einrichtung und der Betrieb von Pegelstellen als auch die Durchführung der Wasserstandsmessungen und die Datendokumentation festgeschrieben.

Die ersten Pegel

Wann die ersten einfachen Pegel in Deutschland errichtet und regelmäßig beobachtet wurden, lässt sich anhand der Quellen nicht sicher belegen. Fest steht, dass die an sogenannten „Merkpfählen" abgelesenen Wasserstände schon seit Jahrhunderten für Schiffsbesatzungen und Flößer, aber auch für die Betreiber von Wassermühlen von größter Bedeutung waren. Als Messinstrumente nutzte man in der Regel mit Teer oder Farbe imprägnierte Eichenholzpfähle, die „sicher und unverrückbar" anzubringen waren. An größeren Flüssen sowie in den

Abb. 2.4.4 Zeigerpegel in Form einer Uhr

betriebenen hydrologischen Messstellen regelt eine von der Länderarbeitsgemeinschaft Wasser (LAWA) herausgegebene Pegelvorschrift „wie Pegel an oberirdischen Gewässern zu errichten, zu betreiben, zu warten und wie die Beobachtungen durchzuführen und auszuwerten sind". Vergleicht man

2.4 Wasserstand

wichtigsten Seehäfen wurden zudem spezielle Markierungen an Brückenpfeilern, Ufermauern oder sonstigen Bauwerken angebracht.

Seit der zweiten Hälfte des 18. Jahrhunderts wurde die Bedeutung regelmäßiger Wasserstandsbeobachtungen für die Umsetzung wasserbaulicher Maßnahmen immer mehr erkannt, denn für Regulierungsprojekte und für den Bau von Hochwasserschutzanlagen benötigten die Ingenieure unbedingt zuverlässige Wasserstandsdaten. Sie sollten einen möglichst langen Zeitraum abdecken und nach einheitlichen Regeln erhoben sein. Besonders wichtig für die Planung und Bemessung von Wasserbauwerken waren dabei Angaben über seltene, außergewöhnlich hohe Wasserstände.

In Deutschland wurden die sogenannten „Wasser-Observationes" gegen Ende des 18. Jahrhunderts mit Hilfe einfacher Lattenpegel zunächst nur an einigen wenigen Fließgewässern regelmäßig durchgeführt. Zu erwähnen sind beispielsweise die von Christian Gottlieb Pötzsch (1732–1805) täglich vorgenommenen Pegelmessungen an der Elbe in Meißen ab 1775 und ein Jahr später in Dresden.

Pegelordnungen

In dem langen Zeitraum von 1800 bis 1945 wurden in Deutschland vier wichtige Verordnungen zum Aufstellen und Beobachten von Pegeln erlassen. Darin wurden auch die zu nutzenden Messinstrumente festgelegt und beschrieben. Die erste Pegelordnung erschien in Bayern im Jahr 1806. Verantwortlich hierfür war der Königliche Generaldirektor des gesamten bayerischen Wasser-, Brücken- und Straßenbauwesens, der Ingenieur Carl Friedrich von Wiebeking (1762–1842). Fast zeitgleich setzte sich in Preußen der Ingenieur Johann Albert Eytelwein (1764–1848) für die Einrichtung von Messstellen sowie für die Schaffung gesetzlicher Grundlagen im Pegelwesen ein. Die von Eytelwein erarbeitete Pegelinstruktion trat am 13. Februar 1810 im gesamten Königreich Preußen in Kraft. Dadurch war es in der Folgezeit möglich, an den schiffbaren preußischen Flüssen sowie an den Küsten schrittweise ein Netz von sogenannten „Haupt=Pegeln" einzurichten. Aufgrund der gestiegenen Bedeutung des Wassers für Industrie und Gewerbe, für die Landwirtschaft und die ständig wachsende Bevölkerung und den damit zusammenhängenden Bedarf an gewässerkundli-

Abb. 2.4.5 Schrägpegel am Rhein bei Koblenz

Abb. 2.4.6 Alte Eichenpegellatte, die fast 100 Jahre lang am Pegel Rappelsdorf an der Werra eingesetzt wurde.

Abb. 2.4.7 Die Abflussmessung mittels Seilbahn am Pegel Gerstungen an der Werra im Jahr 1966 erforderte noch sportlichen Einsatz.

Abb. 2.4.8 Vorbereitung einer Abflussmessung unter Eis im Januar 1963 am Pegel Frankenroda an der Werra

chen Daten musste 70 Jahre später, am 14. September 1871, durch den preußischen Minister für Handel, Gewerbe und öffentliche Arbeiten eine neue „Instruktion über die Beobachtung und Zusammenstellung der Wasserstände an den Hauptpegeln" erlassen werden.

Nicht nur in Bayern und Preußen, sondern auch in anderen deutschen Ländern wurden im Verlauf des 19. Jahrhunderts Pegel errichtet und diesbezügliche Weisungen zum ordnungsgemäßen Betrieb der Anlagen herausgegeben. Sie unterschieden sich aber in mehreren Punkten von den oben genannten Pegelverordnungen von 1806 bzw. 1810. Die unterschiedlichen Vorgaben, so zu den Messinstrumenten, zur Messdurchführung und zur Datenauswertung, hatten eine bis weit in das 20. Jahrhundert hinein anhaltende Zersplitterung der deutschen Wasserstandsbeobachtungen zur Folge. Das musste sich zwangsläufig negativ auf die überregionale Vergleichbarkeit von Wasserstandsdaten auswirken. Angesichts dieser Situation wurde von der „Preußischen Landesanstalt für Gewässer-

2.4 Wasserstand

kunde und Hauptnivellements" in Berlin eine neue Pegelvorschrift ausgearbeitet, die am 14. September 1935 in Kraft tat. Weil sie zunächst aber nur für einige deutsche Länder, darunter Preußen, Anhalt, Hamburg und Lippe, galt, sah man sich veranlasst, am 6. Juli 1936 eine weitere Verfügung herauszugeben. Ab Sommer 1936 hatten schließlich die neuen Maßgaben in allen Gebieten des damaligen Deutschen Reichs Rechtskraft. Nach dem II. Weltkrieg und der Entstehung von zwei deutschen Staaten existierten in der BRD und in der DDR bis 1990 verschiedene Pegelordnungen. So galt für die westdeutschen Gebiete zunächst die „Pegelvorschrift für die Wasser- und Schifffahrtsverwaltung des Bundes und der Länder" vom Januar 1950. Die Fortschreibung ist noch heute gültig.

Lattenpegel

Zu Beginn regelmäßiger Wasserstandsmessungen in der ersten Hälfte des 19. Jahrhunderts nutzte man als wichtigstes technisches Instrument den senkrecht angebrachten Holzlattenpegel. Nach 1860 wurden dann häufiger emaillierte Stahlgusspegel gesetzt. Sie waren entweder senkrecht an Kaimauern, Schleusen, Brückenpfeilern oder geneigt an Böschungen und Treppen befestigt. Als Unterbau diente Mauerwerk, Stein, Eisen oder Holz. Wie u. a. in den preußischen Pegelvorschriften von 1810 und 1871 ausgewiesen, musste der Pegelnullpunkt durch Einmessung genau bestimmt werden.

Bevor das metrische System auch in den deutschen Wasserbau- und Wasserwirtschaftsverwaltungen zwischen 1871 und 1873 schrittweise eingeführt wurde, war die Einteilung der Pegel von den in den Staatsgebieten jeweils geltenden Maßeinheiten abhängig, z.B. preußischer Fuß und Zoll.

Um die Lesbarkeit zu verbessern, konnten auf den Holzlatten weiße und schwarze Farbstriche sowie auf den hochwertigen Eisenlatten, darunter auch die sogenannte „Seibt-Fuess-Präzisionslatte", weiße Porzellanplättchen aufgebracht sein.

Selbsttätig schreibende Pegel

Um die Wasserstände in einem Gewässer über einen längeren Zeitraum hinweg kontinuierlich zu dokumentieren, entwickelten verschiedene mechanische Werkstätten den

Abb. 2.4.9 Lattenpegel an der Aare bei Ringgenberg unterhalb des Brienzersees in der Schweiz

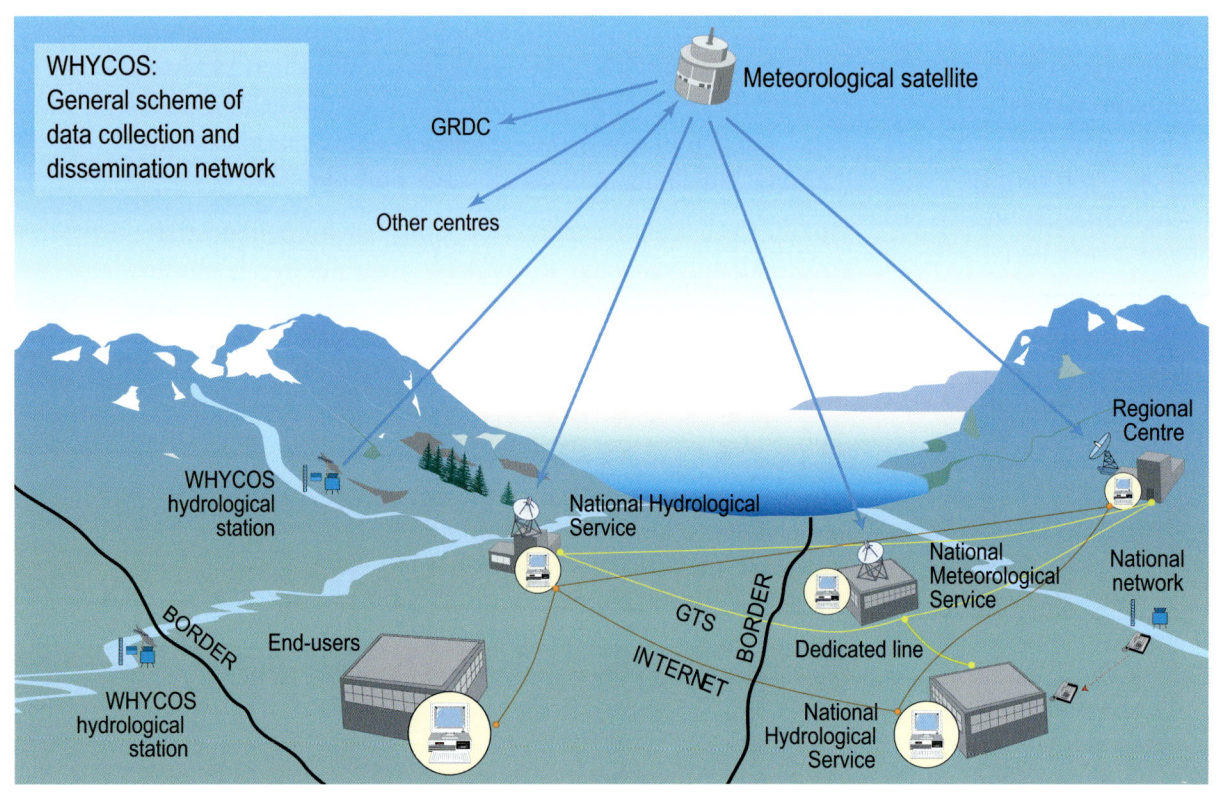

2 Erfassung hydrologischer Daten – was wird gemessen?

Abb. 2.4.10 Schematische Darstellung der Datenübertragung via Satellit im „World Hydrological Cycle Observing System". Die Datenübertragung erfolgt online via Satellit zu den nationalen hydrologischen Diensten und zu den globalen Datenzentren.

sogenannten „Schwimmerschreibpegel". Diese Pegel fanden in Deutschland ab etwa 1860 immer häufiger Anwendung. Die ersten Geräte arbeiteten mit stündlicher Markierung, ab 1903 erfolgte dann die halbstündliche und seit 1915 schließlich die kontinuierliche Aufzeichnung. Die Schreibpegel stellten einen großen Fortschritt dar, weil sie die Wasserstände mit einer bis dahin nicht gekannten Genauigkeit auf Papierrollen aufzeichneten. Prinzipiell funktionieren Schreibpegel so, dass der Wasserstand von einem Schwimmer, der sich in einem mit dem Gewässer verbundenen Schacht befindet, mechanisch direkt via Schreibnadel auf die Schreibtrommel im Pegelhaus übertragen wird. Da es sich um eine analoge Aufzeichnung handelt, müssen für die Datenaufbereitung die auf Papierrollen verzeichneten Ganglinien manuell weiter verarbeitet werden.

Eine besondere Art der Messung stellen Rollbandpegel (Zifferanzeige mit Teilstrichen) sowie Zeigerpegel in Form einer Uhr dar. Sie ermöglichen auch bei größeren Entfernungen das sichere Ablesen des aktuellen Wasserstandes und wurden über Jahrzehnte hinweg insbesondere von Schiffsbesatzungen genutzt. Wenn die Wasserstände nicht direkt an der Messstelle aufgezeichnet oder angezeigt werden konnten, wurden „Fern- oder Druckluftpegel" genutzt. So konnte eine relativ kurze Distanz zwischen dem Ort der Messung und der Anzeigestelle problemlos überbrückt werden. Zu den frühen Fernpegeln gehörten die sogenannten „Seibt-

Fuess-Anlagen". Dabei wurde der Wasserdruck über eine unten geöffnete Tauchglocke mittels einer Druckleitung zum entfernten Anzeigegerät übertragen. Weitaus größere Strecken konnten Anfang des 20. Jahrhunderts durch die Einführung elektrischer Fernpegel überbrückt werden. Zum Einsatz kam diese Methode u.a. bei Talsperren sowie bei der Hochwasservorhersage.

Die „Datenfernübertragung" von Pegeldaten über eine größere Distanz erfolgte schließlich seit den 50er Jahren des 20. Jahrhunderts. 1954 wurde ein „Fernpegel mit elektrischem Schrittschalter" auf den Markt gebracht; wenige Jahre später ein mechanischer „Lochband-Schreibpegel". In den folgenden Jahren konnten – zunächst an den westdeutschen, später auch an den ostdeutschen Gewässern – die Pegeldaten vieler Stationen mittels Anrufbeantworter abgefragt werden. Das bedeutete einen weiteren Fortschritt im Pegelwesen, konnten sich doch die zuständigen Fachbehörden nun per Telefon ständig über die aktuellen Pegelstände informieren.

Gegenwart und Zukunft

Eine neue Qualität bei der Wasserstandsmessung wurde in den zurückliegenden 20 Jahren mit der Automatisierung zahlreicher Pegelmessstellen erreicht. Im Mittelpunkt steht dabei die Online-Verfügbarkeit der Daten. So werden beispielsweise im Freistaat Bayern die durch Druck- und Radarsonden kontinuierlich erhobenen Wasserstände zu 15-Minuten-Mittelwerten umgerechnet und täglich von einem Rechner, der in dem jeweils zuständigen Wasserwirtschaftsamt steht, u.a. über Mobilfunk abgerufen.

Die digitale Daten- und Informationstechnik wird in den nächsten Jahrzehnten in der Gewässerkunde weiter an Bedeutung gewinnen. Das gilt nicht nur für die Erfassung und Übertragung von aktuellen Wasserstands- und Abflussdaten, sondern auch für die Nutzung der Messwerte. So wird die Digitaltechnik eine zunehmende Rolle bei der Bereitstellung von Angaben zu Wasserständen und Durchflüssen im Internet, im Mobiltelefonnetz und bei Videotexten spielen.

Derzeit wird an Satelliten-gestützten Systemen der Wasserstandsmessung bzw. Datenfernübertragung gearbeitet. Damit wird in naher Zukunft den weiter wachsenden Ansprüchen hinsichtlich der Datenmenge, Datenqualität und schnellen Datenverfügbarkeit immer besser entsprochen werden können.

2.5 Abfluss

Bei der Abflussmessung wird in den meisten Fällen der Umweg über die Geschwindigkeitsmessung beschritten. Naheliegend war in den Anfängen der Hydrometrie zur Zeit der Renaissance der Einsatz von Driftkörpern, die gleich einem treibenden Blatt der Oberflächenströmung folgten. Erhoben wurde die Strömungsgeschwindigkeit auf einer bestimmten Strecke. Als Alternative dazu wurden ortsfeste hydraulische Waagen und Pendel verwendet. Dort ging es um die Messung eines Staudrucks an einem Staukörper. Auf diesem Prinzip basierte auch das Pitot-Rohr. Eine weitere Gerätegruppe umfasste ortsfeste hydraulische Rotoren, die Wasserrädern oder

2 Erfassung hydrologischer Daten – was wird gemessen?

Abb. 2.5.1 Geschwindigkeitsmessung mit einem Pitot-Rohr; verbesserte Version von Philbert Gaspard Darcy (1803–1858)

Abb. 2.5.2 Geschwindigkeitsmessung durch Leonardo da Vinci (Zeichnung nach seinen Notizen).

Propellern glichen. Maßgebend war ihre Drehzahl. Als erfolgreich erwies sich der 1790 bekannt gewordene Woltman-Flügel. Er wurde mehrfach verfeinert und mit besseren Drehzahlmessern ausgerüstet. Im Verlauf von über 100 Jahren verdrängte er – zumindest auf dem europäischen Kontinent – die anderen Geräte. In einigen Gebieten außerhalb Europas wird das Price-Becherrad verwendet. Bei der Erfassung von See- und Meeresströmungen spielte der Savonius-Rotor eine Rolle. Einzig in steilen und stark turbulenten Wildbächen mit extremen Rauheiten, wo solche Rotoren versagen, bedient man sich des Salz- oder Farbverdünnungsverfahrens.

Geschwindigkeitsmessung mit einem Pitot-Rohr

Als Druckmessgeräte wurden schon früh sogenannte hydraulische Rohre verwendet. Eines der bekanntesten Geräte wurde 1732 von Henry de Pitot (1695–1771) vorgeschlagen. Dieses Gerät bestand im Wesentlichen aus zwei parallelen Rohren, die an einem schlanken Stab befestigt waren. Das eine Rohr war ein gerades Standrohr, das andere war unten um 90 Grad gegen die Strömung abgekrümmt. Tauchte man den unteren Teil beider Rohre ein, stieg das Wasser in ihnen auf eine unterschiedliche Höhe. Dabei entsprach der Unterschied dem Staudruck in Längeneinheiten Wassersäule. Aus dem erwähnten Unterschied schloss Pitot rechnerisch auf die gesuchte Fließgeschwindigkeit.

2.5 Abfluss

Erst gegen Ende des 20. Jahrhunderts kamen sophistischere „Hydrotachometer" in Gebrauch. Zu erwähnen sind die handlichen elektromagnetischen Sonden. Sie nutzen das Faradaysche Induktionsgesetz aus: Das fließende Wasser erzeugt in einem Magnetfeld eine elektrische Spannung, die mit der Fließgeschwindigkeit korreliert. Ebenso kam die Partikel-Tachometrie auf. Sie beruht darauf, dass die Geschwindigkeit von kleinen, zufällig im Wasser schlupflos treibenden Partikeln gemessen wird. Das kann auf der Wasseroberfläche mit Radargeräten geschehen oder unter Wasser mit Ultraschall-Doppler-Geräten. Somit hat sich in der hydrologischen Messtechnik ein Zyklus vollzogen: Beobachtete man einst treibende Blätter oder Schwimmkörper, so verfolgt man jetzt im Wasserkörper treibende Partikel. Dem Fortschritt der Zeitmessung entsprechend geschieht dies freilich auf viel kürzeren Strecken.

Abfluss
Wasservolumen, das pro Zeiteinheit den Querschnitt eines Gewässers durchfließt

Ganglinie
Graphische Darstellung der zeitlichen Änderung hydrologischer Daten, z.B. des Wasserstandes oder des Abflusses im Jahresverlauf

Abflussmessung mittels Acoustic Doppler Current Profiler (ADCP)

Das ADCP kann auf einem Boot oder einem kleinen Trimaran, der kaum größer als ein Rettungsring ist, montiert werden. Während der Messung „tastet" das ADCP kontinuierlich die Gewässersohle und die Strömung akustisch ab. Die Daten werden per Funk an einen Laptop an Land übertragen. Das System arbeitet autonom – das GPS mit der über dem ADCP installierten Antenne wird nur in Sonderfällen gebraucht.

Abflussmessung mittels hydrometrischer Flügel

Bei der Abflussmessung mittels eines hydrometrischen Flügels, dessen propellerähnlicher Teil entsprechend der Fließgeschwindigkeit sich schneller oder langsamer dreht, wird die Fließgeschwindigkeit an mehreren Punkten im Gewässerquerschnitt ermittelt. Registriert wird die Anzahl Umdrehungen pro Zeiteinheit. Die Integration der Fließgeschwindigkeit über den gesamten durchflossenen Gewässerquerschnitt ergibt den Abfluss im betrachteten Querschnitt.

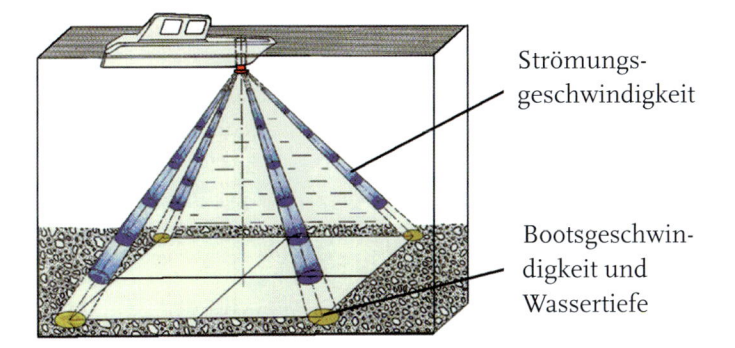

Abb. 2.5.3 Prinzip eines ADCP, montiert an einem Boot. Der 0,5 m hohe Sensor ist überproportional groß dargestellt. Das Schema der Ultraschallkeulen deutet die Unterteilung der Wassermassen in den verschiedenen Schichten sowie die Art der Geschwindigkeitsermittlung an.

Abb. 2.5.4 (links) Abflussmessung mittels ADCP, das auf einem kleinen Trimaran montiert ist. Der rote Trimaran wird von der Brücke mit Hilfe eines Seiles über den Querschnitt geschleppt. Dies ist abgesehen von der schnellen und zuverlässigen Messdatenerfassung insbesondere bei Hochwasser aus Sicherheitsgründen von großem Vorteil. Das ADCP kann auch in einem Messboot installiert werden.

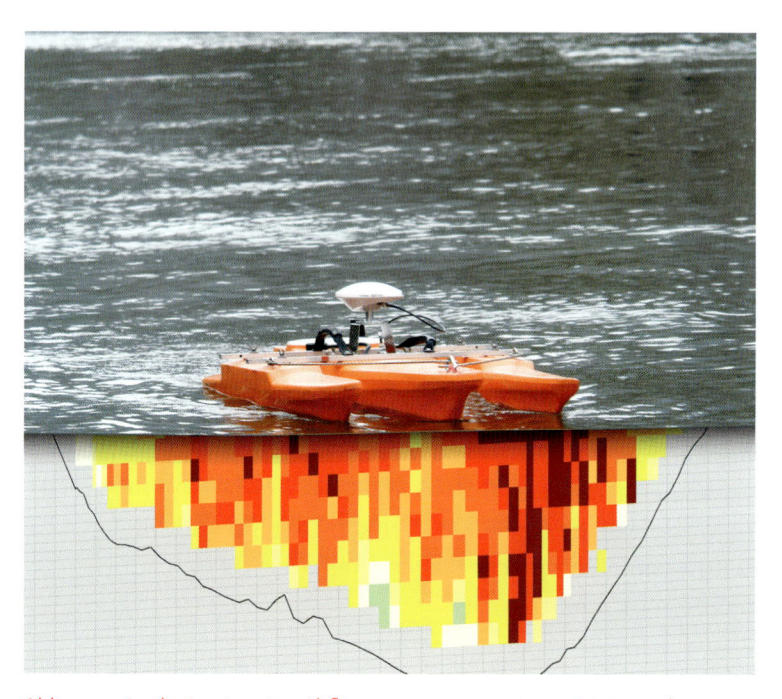

Abb. 2.5.4 (rechts) zeigt eine Abflussmessung mit einem ADCP in der Stauhaltung Kalkofen an der Lahn. Im unteren Teil des Bildes sind die gemessenen Fließgeschwindigkeiten im Messquerschnitt dargestellt. Je dunkler die Farbe, desto höher die Fließgeschwindigkeit. Der ermittelte Abfluss betrug 78 m³/s. Die Messung dauerte 96 Sekunden bei Wassertiefen von bis zu 3,60 m und einer Flussbreite von 35 m.

Abflussmessung mit Tracern

In der Hydrologie werden künstlich zugesetzte Tracer (Markierstoffe) verwendet, um die Bewegung des Wassers erkennbar und messbar zu machen. Die Eigenschaften der Tracer müssen die Bewegung des Wassers in repräsentativer Weise nachvollziehen.

Die Tracer- oder Verdünnungsverfahren können zur Bestimmung der Abflussmengen in stark turbulenten Fließgewässern wie Wildbächen eingesetzt werden. Diese Messmethoden beruhen auf der Bestimmung der Verdünnung einer bestimmten Menge eines Markierstoffes, den man in das Fließgewässer einspeist.

2.5 Abfluss

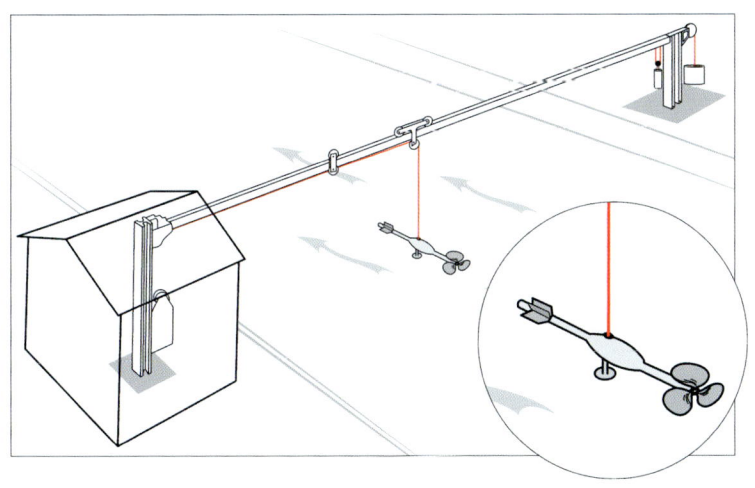

Abb. 2.5.5 (oben) Abflussmessung mit hydrometrischem Flügel an Messstange oder mit Hilfe einer Seilkrananlage. Die Fließgeschwindigkeiten werden in verschiedenen Wassertiefen entlang eines festgelegten Gewässerquerschnitts (von einer Brücke oder mittels gespanntem Seil) gemessen. (unten) Einsatz eines modernen Woltmanflügels an einer Seilkrananlage. Die Messzeit kann je nach Gewässerbreite und Gewässertiefe mehrere Stunden betragen.

Abb. 2.5.6 Einleitung eines Tracers zur Messung des Abflusses in einem Gebirgsbach (oben). Das untere Bild zeigt die Verteilung des Tracers im Bachquerschnitt

2 Erfassung hydrologischer Daten – was wird gemessen?

Als Tracer werden vorwiegend Fluoreszenztracer (Uranin, Rhodamin, Sulphorhodamin) oder Kochsalz verwendet. Die Eingabe des Tracers kann entweder momentan (Integrationsmethode) oder als zeitlich konstante Einspeisung erfolgen. Von grundlegender Bedeutung ist, dass die Tracersubstanz im Messprofil mit dem Wasser vollständig durchmischt ist.

Abflussmessungen mit magnetisch-induktiven Strömungssonden

Hydrometrische Flügel vermögen den Abfluss in Messprofilen mit starker Verkrautung – Drehung der Flügelschaufel im Bereich des Krautwuchses nicht mehr möglich – oder

Abb. 2.5.7 Elektromagnetische Sonde Nautilus

Abb. 2.5.8 Abflussmessung mittels Tauchstab nach Jens

sehr geringen Fließgeschwindigkeiten (Fließgeschwindigkeit kleiner 0.05 m/s, d.h. unterhalb der mechanischen Anlaufgeschwindigkeit der Flügel) nicht exakt zu erfassen.

Treten diese Messbedingungen auf, bieten die magnetisch-induktiven Strömungssonden eine Alternative. Anstelle der sich drehenden Flügelschaufel sind diese Sonden mit einem magnetisch-induktiven Strömungssensor ausgestattet, auf

2.6 Grundwasser

Abb. 2.5.9 Abflussmessung vom Boot aus

dem die Elektroden quer zur Strömungsrichtung montiert sind. Werden diese Sonden analog zu den Flügeln im Messquerschnitt platziert, wird eine messbare Spannung zwischen den Elektroden induziert. Zwischen dieser induzierten Spannung und der momentanen Fließgeschwindigkeit existiert eine lineare Funktion aus der sich die Fließgeschwindigkeit ableiten lässt.

2.6 Grundwasser

Nach dem Eis der Polkappen und Gletscher ist Grundwasser das größte Süßwasservorkommen der Erde und von überragender Bedeutung für die Natur und den Menschen. Im Wasserhaushalt des Festlandes spielen die unterirdischen Wasserspeicher eine entscheidende Rolle. In Zeiten ohne Niederschlag speisen sie die Flüsse der Erde; fallen große Niederschlagsmengen, so nimmt das Grundwasser durch Zusickerung von Niederschlagswasser wieder zu. Der Vorgang wird als Grundwasserneubildung bezeichnet.

Diese Zusammenhänge und die Tatsache, dass Grundwasseroberflächen nicht plan wie „Spiegel" sind, sondern Relief und Gefälle sowie erhebliche jahres- und langzeitliche Schwankungen aufweisen, sind auch heute vielen Menschen nicht bekannt. Unter Fachleuten herrschte lange Zeit Uneinigkeit über die Vorgänge bei der Bildung von Grundwasser.

Grundwasser
Grundwasser ist Wasser, das die Hohlräume der Erdrinde zusammenhängend ausfüllt und nur der Schwerkraft unterliegt. Grundwasser strömt infolge der Schwerkraft/Gravitationskraft sowie des dadurch hervorgerufenen Drucks durch die Hohlräume des Untergrunds.
Schadstoffe zum Beispiel aus Landwirtschaft, Industrie oder aus Mülldeponien, die in den Boden einsickern, können in das Grundwasser gelangen. Die Regeneration verunreinigten Grundwassers dauert sehr lange.
Etwa 70 % der Wasserversorgung Deutschlands stammen aus Grund- und Quellwasser.

Noch 1877 wurde auf der Hauptversammlung deutscher Ingenieure die Behauptung aufgestellt, Grundwasser würde sich durch die Kondensation von Wasserdampf in der Erde neu bilden.

Die „Instruction für das Pegelwesen im Königreich Preußen" von 1810 bezieht sich auf Pegel an Oberflächengewässern. Grundwasser bezogene Erscheinungen wie fallende Brunnenstände, nachlassende Quellschüttungen, vernässte oder vertrocknete Wiesen waren zwar bekannt, wurden jedoch offenbar meist als örtliche Probleme der Grundeigentümer verstanden.

Anstöße zur systematischen Beobachtung des unterirdischen Wassers gingen in Deutschland zuerst von Hygienikern aus. Max von Pettenkofer verbreitete die damals wissenschaftlich auch kontrovers diskutierte Hypothese, dass Cholera- und Typhusepidemien entscheidend von Boden- und Grundwasser abhingen. Vielerorts hatte man den Beginn der Seuchen bei fallenden Grundwasserständen beobachtet. Pettenkofer initiierte die ersten regelmäßigen Grundwasserstandsmessungen in München ab 1856. Als Kritiker der Theorie sah sich Rudolf Virchow ebenfalls zu regelmäßigen Grundwasserstandsmessungen in Berlin ab 1864 veranlasst.

Abb. 2.6.1: Austausch Grundwasser – Flusswasser. In Zeiten mittlerer und niedriger Abflüsse strömt Grundwasser in den Fluss. Bei Hochwasser beginnt mit steigendem Wasserstand im Fluss eine Einspeisung von Flusswasser in den Untergrund, wobei das anstehende Grundwasser verdrängt wird. Als Folge steigt der Grundwasserstand im Uferbereich. Es bildet sich ein Grundwasserberg aus, der langsam ins Hinterland wandert und dort zu einer Anhebung des Grundwassers führt. Mit Rückgang des Wasserstandes im Fluss fließt das im Uferbereich gespeicherte Wasser zurück und der normale Grundwasserzufluss setzt wieder ein.

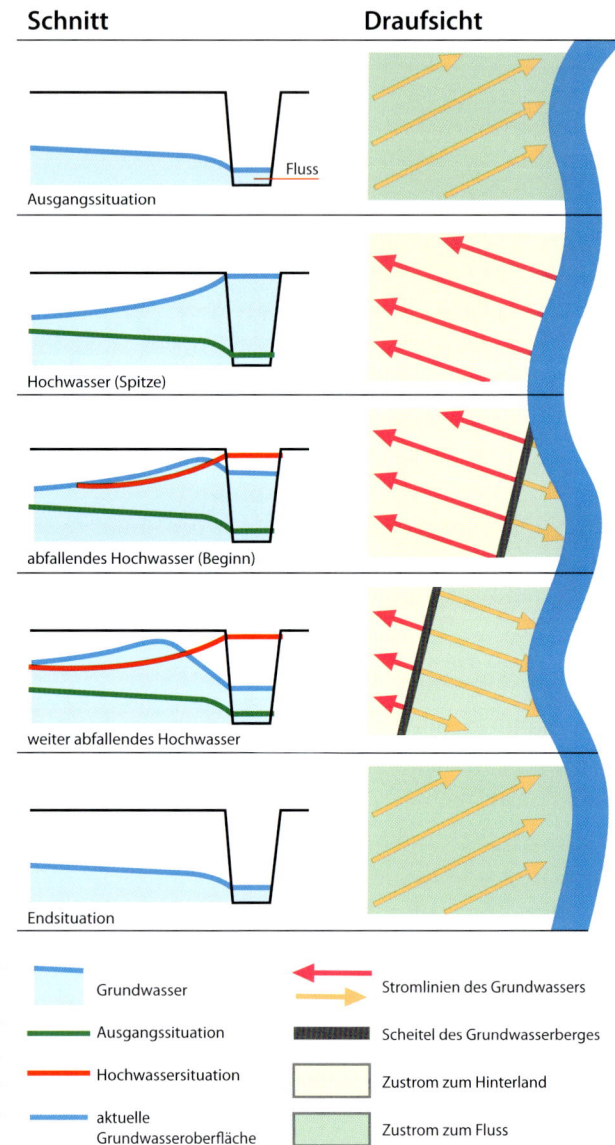

2.6 Grundwasser

Die 1902 gegründete Preußische Landesanstalt für Gewässerkunde richtete unter der Leitung von Prof. Friedrich Vogel ein Netz von etwa 600 Messstellen ein. Regelmäßige Messungen wurden ab 1913 durchgeführt.

Die Messungen erfolgten zuerst in wenig genutzten Brunnen, später wurden Grundwasserpegel in Form von Rohrbrunnen gebaut. Dabei hat sich der Hallesche Typ, eingeführt von der Landwirtschaftskammer Halle und von der Preußischen Landesanstalt für Gewässerkunde, durchgesetzt: Ein Bohrloch von 20 cm Durchmesser wird niedergebracht und je nach örtlichen Verhältnissen mit 10–50 cm Kies eingefüllt, wobei ein Mantelrohr die Bohrungswand stützt. Auf den

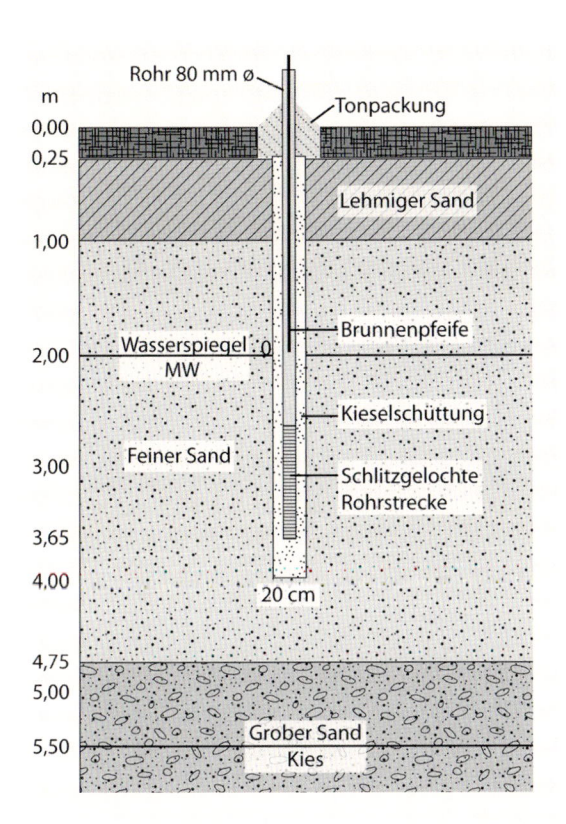

Abb. 2.6.2 Grundwassermessstelle, Hallescher Typ, aus Koehne, 1928 (verändert)

Abb. 2.6.3 Grundwassermessstelle im Fuhrberger Feld (Hannover) mit Verschlussklappe und Darstellung der Grundwasserganglinie

Umfangreichere Beobachtungen setzten mit den Bedürfnissen des sich entwickelnden Wasserbaus und der städtischen Wasserversorgung ein sowie dem Bestreben von Grundbesitzern, Schadensersatzansprüche stellen zu können. Aufgrund der sich entwickelnden Wasserkonflikte zwischen Bergbau und Landwirtschaft wurden in Sachsen und Sachsen-Anhalt ab 1906 Hunderte von Grundwassermessstellen angelegt.

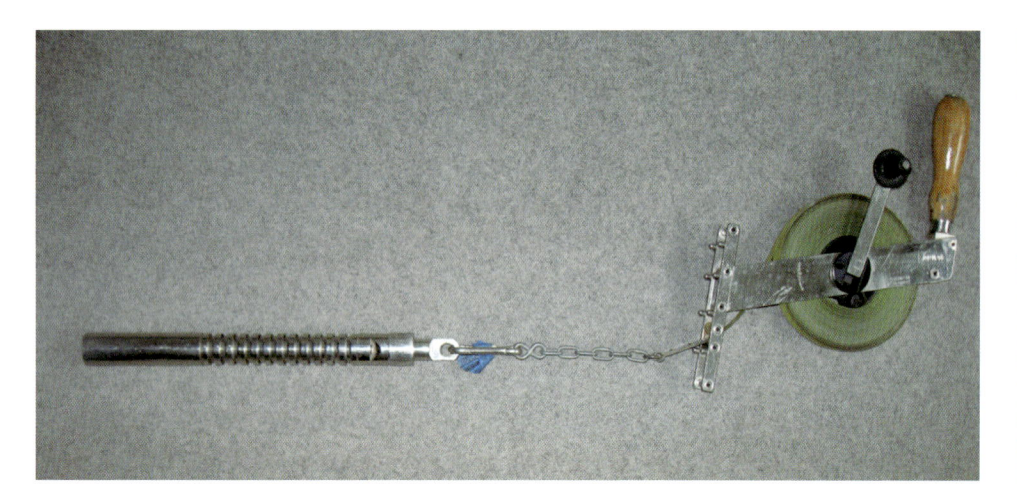

2 Erfassung hydrologischer Daten – was wird gemessen?

Abb. 2.6.4 Die Brunnenpfeife – ein historisches Messinstrument zur Bestimmung des Grundwasserstandes

Abb. 2.6.5 Messung des Grundwasserstands mit Hilfe eines Lichtlots

Kies wird das 8–10 cm weite Beobachtungsrohr aufgestellt, das am unteren Ende auf 1 bis 2 m Länge Schlitze von 3 mm Breite und 10–20 mm Länge aufweist, die gegeneinander versetzt sind. Um das Rohr wird Kies bis über die gelochte Strecke eingefüllt, das Mantelrohr vorsichtig herausgezogen und über dem Kies eine Tondichtung und Erde eingestampft.

Bau und Ausbau von Grundwassermessstellen sind heute in verschiedenen Regelwerken verankert. Soll in mehr als einer Grundwasser führenden Schicht gemessen werden, so ist eine entsprechende Anzahl von Rohren herunterzubringen. Beim Durchgang der Rohre durch die Trennschichten verhindern Tonsperren den Wasseraustausch zwischen den verschiedenen Grundwasserleitern.

2.6 Grundwasser

In der ersten Hälfte des zwanzigsten Jahrhunderts erfolgte die Messung meist mit einer Brunnenpfeife an einer Messschnur. Der unten offene Metallzylinder mit Zentimeterringen hat eine kleine Pfeiföffnung an der Oberseite. Beim Eintauchen verdrängt das eindringende Wasser Luft, die den Pfeifton verursacht. Die Differenz zwischen Rohroberkante und Wasserspiegel, genannt Grundwasserabstich, ergibt sich aus der Länge der herabgelassenen Messschnur und der Anzahl der nicht wasserbenetzten Zentimeterringe der Brunnenpfeife. Heute hat das Lichtlot, bei dem das eindringende Wasser einen elektrischen Kontakt herstellt, die Brunnenpfeife abgelöst.

Neben dem Lichtlot für Einzelmessungen kommen seit langem auch aufzeichnende Geräte zum Einsatz. Zunächst wurden Schwimmerpegel, wie sie als Schreibpegel an Oberflächengewässern noch heute zu finden sind, verwendet. Inzwischen sind die meisten aufzeichnenden Grundwasserpegel mit Sonden ausgestattet, die den Grundwasserstand aus dem Wasserdruck ermitteln und darüber hinaus die Temperatur und eine Anzahl von Wassergüteparametern als Daten speichern.

Grundwasserschutzzonen

Für die einzelnen Schutzzonen gelten unterschiedliche Auflagen hinsichtlich baulicher, landwirtschaftlicher und sonstiger Nutzungsformen. In der weiteren Wasserschutzzone sind die meisten Nutzungen mit gewissen Einschränkungen möglich, in der engeren Schutzzone ist z.B. eine Bebauung nicht gestattet. Die landwirtschaftliche Nutzung ist nur mit strengen Auflagen erlaubt. Der Fassungsbereich darf nicht genutzt werden. Vom Rand der engeren Schutzzone soll die Fließzeit bis zum Entnahmebrunnen mindestens 50 Tage betragen, um das Entnahmewasser vor bakteriellen Verunreinigungen zu schützen.

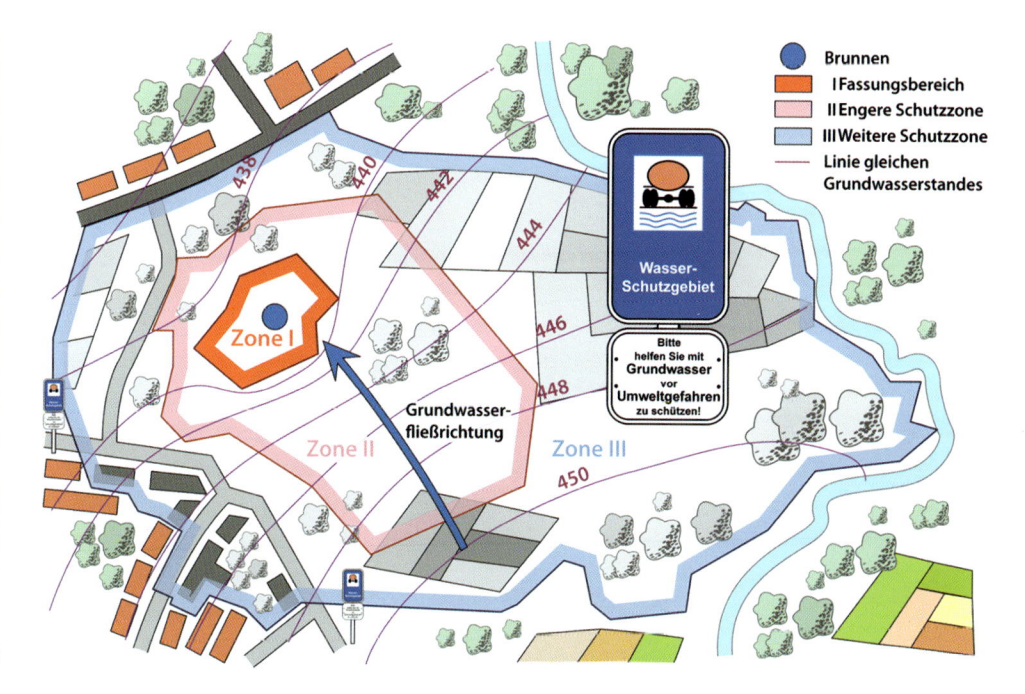

Abb. 2.6.6 Grundwasserschutzzonen

2 Erfassung hydrologischer Daten – was wird gemessen?

Grundwasser ist in Deutschland die wichtigste Quelle für die Trinkwasserversorgung. Die Sicherung der Menge und der Güte des Grundwassers ist daher von elementarer Bedeutung für die Wasserversorgung. Ziel des Grundwasserschutzes ist es, diese Ressource weitgehend vor Verunreinigungen zu schützen. Hierfür werden u.a. Schutzzonen eingerichtet.

Infiltration
Versickerung, Bewegung von Wasser durch Bodenoberflächen in poröse Erdschichten.

Maximale Wasseraufnahmefähigkeit
Wasservolumen, das von einem bestimmten Boden pro Flächen- und Zeiteinheit unter bestimmten Bedingungen aufgenommen werden kann.

Basisabfluss
Abflussanteil der Flüsse in niederschlagsarmen Zeiten, der überwiegend aus dem Grundwasser gespeist wird.

Abb 2.6.7 Messung der Infiltration. Gemessen wird wie viel Wasser in welcher Zeit in den Boden versickert. Wird die maximale Wasseraufnahmefähigkeit des Bodens überschritten, kommt es zu Oberflächenabfluss.

3 Bewirtschaftung der Wasserressourcen – wie wird vorgegangen?

3.1 Hydrologie – vom sektoralen Denken zu komplexen Ansätzen

In ihren Ursprüngen ist die Hydrologie eine Hilfswissenschaft des Wasserbaus. Sie diente dazu, Bemessungsgrundlagen in Form von Wasserständen und Abflüssen für den Bau von Talsperren, Wehren, Kanälen oder Deichen bereitzustellen. Das war geübte Praxis bis weit ins 20. Jahrhundert hinein.

Die Wasserbauten dienten einerseits dem Hochwasserschutz, andererseits aber auch der gegenteiligen Aufgabe, nämlich die Wasserversorgung bei Trockenheit sicherzustellen. Das einzelne Bauwerk wurde dabei in der Regel separat geplant, gebaut und betrieben. Wechselwirkungen zu anderen Objekten waren nicht bekannt oder wurden vernachlässigt.

Die Bemessungsgrundlagen basierten zunächst allein auf der Auswertung von hydrometrischen Messungen. So findet sich in dem Lehrbuch des Wasserbaus von Engels (1921) noch folgende Aussage:

„....dass eine brauchbare Hochwasservorhersage nicht mit Hilfe einer allgemeingültigen Formel bewirkt werden kann, dass es hierzu vielmehr der Verwendung von Beobachtungsergebnissen bedarf, die nie von einem Fluss auf den anderen übertragen werden kann".

In der ersten Hälfte des letzten Jahrhunderts waren empirische Ansätze dominant. Allerdings trug man bei der Entwicklung von Wasserwirtschaftsplänen bereits unterschiedlichen Nutzerinteressen Rechnung – wie Bewässerung, Wasserkraft, Trinkwasserversorgung oder Schifffahrt.

In der zweiten Hälfte des vergangenen Jahrhunderts stiegen mit der technischen und sozio-ökonomischen Entwicklung die Anforderungen an Wasserressourcen in einem Maße an, dass es vielfach zu einer Überbeanspruchung und Schäden kam. Ein eindrucksvolles Beispiel ist der Braunkohletage-

Abb. 3.1.1 Eine wichtige Funktion der Gewässer ist der Freizeit- und Erholungswert, hier der Walchensee in Oberbayern

3 Bewirtschaftung der Wasserressourcen – wie wird vorgegangen?

Abb. 3.1.2 Herstellung einer deichnahen Flutmulde als Teil der Kompensation der Fahrrinnenanpassung der Unterelbe. Ziele der Maßnahmen: Erhöhung des Tideeinflusses zugunsten bedrohter tideabhängiger Arten und verstärkte Spülwirkung des Ebbestroms zur Selbststeuerung des Priel- und Grabensystems d.h. auch Verringerung des Unterhaltungsaufwands.

bau, der aufgrund der dafür erforderlichen großräumigen Grundwasserabsenkung immense Auswirkung auf regionale Wasserressourcen und damit auf die gesamte Umwelt hat.

Globale Probleme im Blick

Der in weiten Teilen der Welt unzureichende Kenntnisstand von hydrologischen Prozessen ermöglichte keine adäquate Reaktion auf Extremereignisse wie Hochwasser und Trockenheit. Deshalb rief die UNESCO[1] die Internationale Hydrologische Dekade (1965–1974) ins Leben. Dabei blieb es jedoch nicht. Nach Ablauf der Hydrologischen Dekade wurde das Internationale Hydrologische Programm zu einer ständigen Einrichtung gemacht, um die Erforschung der globalen Wasservorkommen weiter voranzutreiben. Darauf aufbauend und mit zunehmendem Einsatz von Computern wurde es möglich, komplexe hydrologische Prozesse nicht nur zu be-

Abb. 3.1.3 Die Edertalsperre dient zur Niedrigwasseraufhöhung der Weser über die Flüsse Eder und Fulda, um dort die Binnenschifffahrt zu gewährleisten. Weiter wird die Edertalsperre für den Hochwasserschutz sowie zur Energiegewinnung genutzt.

---

[1] United Nations Educational, Scientific and Cultural Organisation

3.1 Wasserbewirtschaftung

Abb. 3.1.4 Niedrigwasser am Rhein im Jahr 2003. Außer der Schifffahrt können auch die Kühlwasserentnahmen der Kernkraftwerke durch extreme Niedrigwasserperioden beeinträchtig werden.

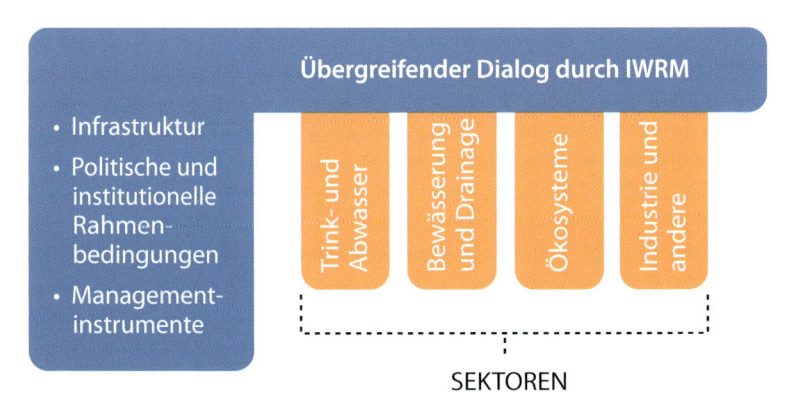

Abb. 3.1.5 Einbeziehung der verschiedenen Sektoren (IWRM: Integrated Water Resources Management)

schreiben, sondern auch zu prognostizieren. Der Begriff der „Systemhydrologie" wurde geprägt.

Damit hat die Hydrologie ein Werkzeug in die Hand bekommen, um auch den „Globalen Wandel" zu thematisieren. Der Begriff umfasst nicht nur den Klimawandel, sondern ebenso die weltweiten sozio-ökonomischen Umwälzungen. Verbunden damit sind Probleme von bisher nicht gekannten Ausmaßen. Um die Ernährung der ständig zunehmenden Weltbevölkerung zu sichern, muss mehr Wasser für Bewässerung eingesetzt werden, gleichzeitig benötigen die rasant wachsenden Städte große Mengen Trinkwasser. Nicht minder groß sind in den Ballungsräumen die Herausforderungen für die Wasserentsorgung. Hydrologie und Wasserwirtschaft operie-

Abb. 3.1.6 Hochwasser des Neckars bei Heidelberg

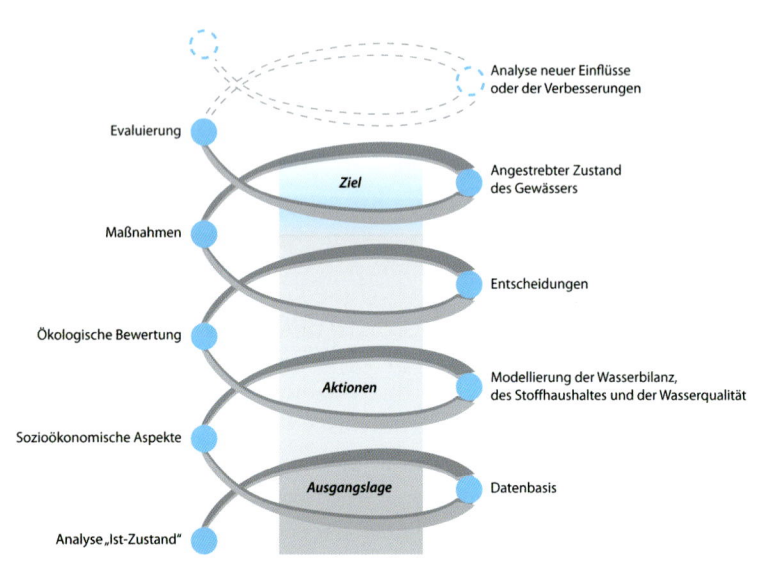

3 Bewirtschaftung der Wasserressourcen – wie wird vorgegangen?

Abb. 3.1.7 Beispiel eines integrierten Ansatzes zur Bewirtschaftung eines Gewässers. Die spiralförmige Darstellung soll den kontinuierlichen Prozess verdeutlichen.

Vernetztes Denken

Bis in die 90er Jahre des vergangenen Jahrhunderts war die Hydrologie sektoral geprägt. Sie bildete die wissenschaftliche Grundlage für die Wasserbewirtschaftung. Ein typisches Instrument aus dieser Zeit sind die sogenannten Langfristbewirtschaftungsmodelle. Unter Berücksichtigung der natürlichen Schwankungen der verfügbaren Wasserressourcen wird die Deckung des Wasserbedarfs aus Oberflächengewässern analysiert. Die Modelle verknüpfen die auf statistischen Verfahren nicht mehr unter konstanten Randbedingungen; denn Wasserverfügbarkeit und Wasserbedarf unterliegen sowohl kurz- wie langfristig erheblichen Veränderungen.

Zur Untersuchung dieser Fragen wurde im Jahr 2000 vom Bundesministerium für Bildung und Forschung (BMBF) das Forschungsprogramm „Globaler Wandel des Wasserkreislaufs" (GLOWA) ins Leben gerufen. Übergeordnetes Ziel von GLOWA war die Entwicklung von Systemen, die Entscheidungshilfe geben, wenn es darum geht, ein nachhaltiges Management der lebensnotwendigen Ressource Wasser zu entwickeln. Zwingend dafür ist, in hohem Maße interdisziplinär, sektorübergreifend und überregional zu arbeiten.

Abb. 3.1.8 Tagebau Jänschwalde. Das Bild verdeutlicht, wie großräumig und wie tief Grundwasserabsenkungen vorgenommen werden mussten.

3.1 Wasserbewirtschaftung

Abb. 3.1.9 Rekultivierter und gefluteter Tagebau in der Lausitz

der Wassergüte in den vergangenen Jahrzehnten infolge von Industrialisierung und intensiver Landwirtschaft fand die Wassergüte zunehmende Beachtung. Zusammenhängende Komponenten des Wasserkreislaufs und der Wasserbeschaffenheit, die Ansprüche der einzelnen Wassernutzer und der Nachhaltigkeitsgedanke rückten stärker in den Vordergrund. Wechselwirkungen der einzelnen Komponenten mussten berücksichtigt werden. Die ganzheitliche Betrachtung von Wassermenge und Wasserbeschaffenheit ist darauf gerichtet, eine fundierte Planung für die Nutzung der Wasservorkommen basierte Simulation der natürlichen Abflussbildung mit dem Vergleich von Wasserbedarf und Wasserdargebot.

Beispielsweise wird ermittelt, mit welcher Wahrscheinlichkeit ein Wassernutzer wie die Landwirtschaft seinen Bedarf im Sommer decken kann. Die Ermittlung der Bedarfsdeckung erfolgt jeweils unter Berücksichtigung der Anforderung von weiteren Nutzern (wie z.B. Trinkwasserversorgung, Industrie, Ökologie). Welche Konsequenzen eine unzureichende Bedarfsdeckung für die Wassernutzer hat, war nicht Gegenstand solcher Untersuchungen.

Traditionell lag der Schwerpunkt der Hydrologie auf der Wassermenge. Mit der oftmals drastischen Verschlechterung

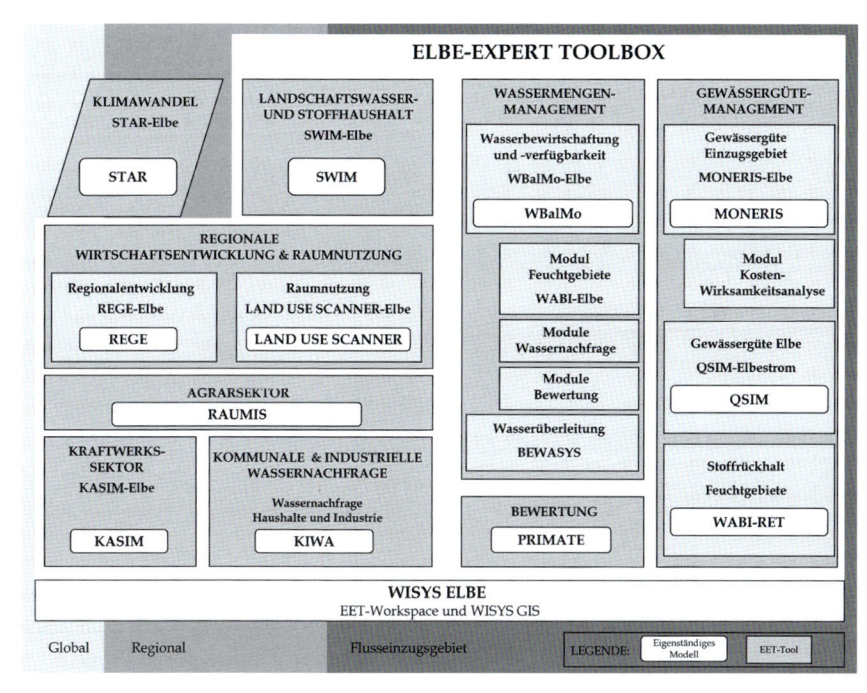

Abb. 3.1.10 Struktur und Modellschema im Forschungsvorhaben „Globaler Wandel des Wasserkreislaufs – Elbe"

3 Bewirtschaftung der Wasserressourcen – wie wird vorgegangen?

Wie der Name sagt, ist der Kern der EG-Hochwasserrisikomanagementrichtlinie die Entwicklung von Hochwasserrisiko-Managementplänen. Dazu gehören technischer Hochwasserschutz wie z.B. Deichbau oder Wasserrückhaltebecken, die Planung von Ausuferungsflächen für den Fluss oder die Bereitstellung von Hochwassergefahrenkarten.

Die EG-Wasserrahmenrichtlinie hat zum Ziel, einen guten ökologischen Zustand der Gewässer zu erreichen und somit die Wassergüte zu verbessern.

Beide Richtlinien, die in nationales Recht umgesetzt sind, basieren maßgeblich auf hydrologischen Grundlagen, d.h. wann wie viel Wasser wo zur Verfügung steht. Die Basis-

Abb. 3.1.11 Renaturierte Spreeaue

men zu ermöglichen und gleichzeitig Maßnahmen zur Verbesserung der Versorgungssituation oder der Qualität eines Gewässers ergreifen zu können.

Die Umsetzung in die Praxis

Die komplexe Betrachtung setzt sich immer weiter durch und hat sich auch in den aktuellen Richtlinien der Europäischen Union niedergeschlagen, der EG-Hochwasserrisikomanagementrichtlinie und der EG-Wasserrahmenrichtlinie.

Abb. 3.1.12 Hochwasser der Elbe bei Dresden im Juni 1926

funktion der hydrologischen Faktoren erfordert eine enge Verbindung von Hydrologie, Ökologie, Wasserwirtschaft und Ökonomie.

Von den Maßnahmen werden viele unterschiedliche Interessen berührt, Konflikte sind also unausweichlich. Deshalb fordern die EG-Richtlinien explizit eine Beteiligung der Öffentlichkeit. Sonst lässt sich keine Akzeptanz erreichen. Voraussetzung dafür ist allerdings, dass die Planungen in einer Weise aufbereitet werden, dass sie für die breite Öffentlichkeit verständlich sind.

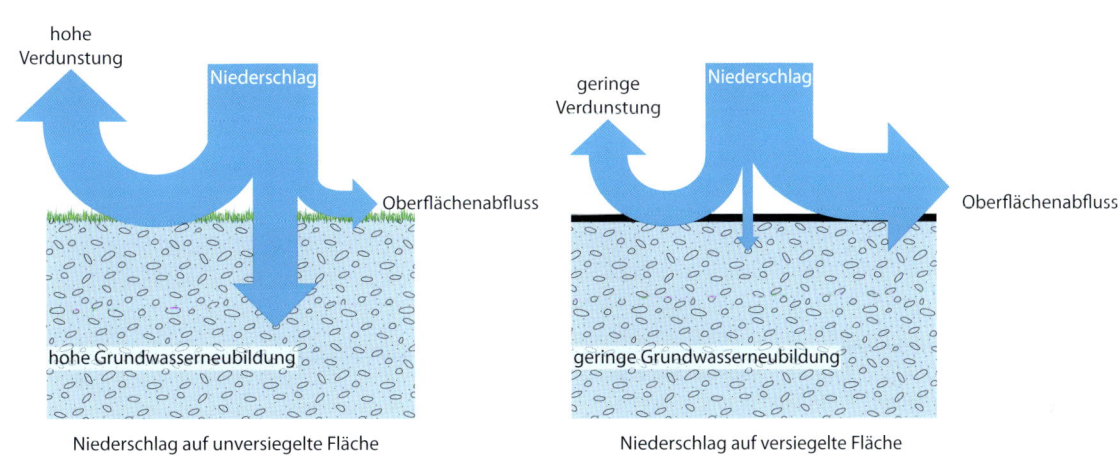

3.2 Wasserversorgung und Abwasserentsorgung in Siedlungsräumen

Im 19. Jahrhundert fand nicht nur ein schnelles Wachstum der Gesamtbevölkerung statt, sondern im Zuge dieser Entwicklung verschoben sich auch die Gewichte zwischen Land und Stadt, die städtische Bevölkerung nahm überproportional zu. Hatte es im Deutschen Reich 1871 acht Städte mit mehr als 100.000 Einwohnern gegeben, so war die Zahl solcher „Großstädte" bis 1905 auf 41 geklettert.

Den rapide steigenden Einwohnerzahlen war das bisherige System der Wasserversorgung, das auf häuslichen und öffentlichen Brunnen beruhte, nicht mehr gewachsen. Deshalb wurden zunehmend ganze Kommunen auf eine Wasserversorgung umgestellt, bei der von zentralen Wasserwerken aus die Haushalte über Leitungen mit Trinkwasser versorgt wurden. Das Wasser kam aus Quellen, dem Grundwasser oder aus Flüssen und Seen im Umkreis der Städte, in einigen Fällen erfolgte der Bezug aber auch über erhebliche Entfernung. Bis zum Anfang des 20. Jahrhunderts hatte sich die zentrale Wasserversorgung in Orten mit mehr als 15.000 Einwohnern fast flächendeckend durchgesetzt. Die Trinkwasserversorgung der Bevölkerung in den Städten war damit auf einen befriedigenden Stand gebracht.

Weitaus problematischer gestaltete sich die Abwasserentsorgung. Die

Abb. 3.2.1 Hauptkomponenten des Wasserhaushaltes bei unversiegelten und versiegelten Flächen

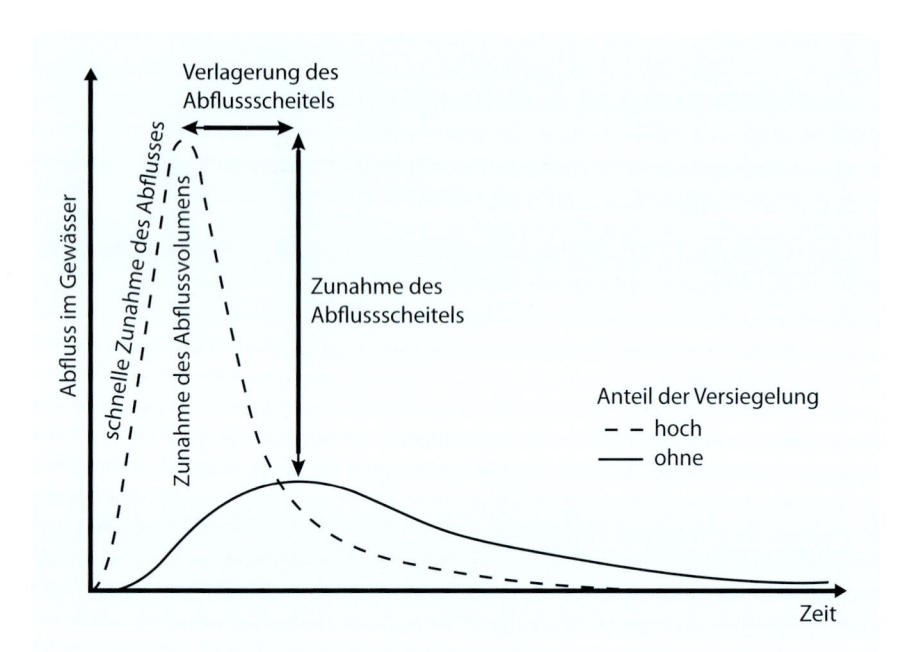

Abb. 3.2.2 Hauptauswirkungen der Urbanisierung auf den Hochwasserabfluss

chung von 1904 am Rhein verfügten lediglich zwei von 13 kanalisierten Städten über eine Kläranlage. Die Behebung dieses Misstandes erforderte Anstrengungen, die sich über das gesamte 20. Jahrhundert hinzogen.

Die Verstädterung belastete den Wasserhaushalt aber noch auf andere Weise. Da mit den sich ausdehnenden Städten auch immer mehr Flächen versiegelt wurden, flossen nach Regengüssen große Mengen verschmutztes Regenwasser über die Kanäle in die Flüsse. Die Bearbeitung der drei miteinander verknüpften Problemfelder brachte eine eigene Disziplin hervor, die Siedlungswasserwirtschaft.

Abb. 3.2.3 Versiegelte Flächen führen das Niederschlagswasser direkt in die Kanalisation bzw. in die Oberflächengewässer

bequeme Verfügbarkeit von Wasser durch Wasserleitungen förderte die Einführung des Wasserklosetts. Damit verschwand das seit dem Mittelalter praktizierte System, die Fäkalien aus Abortgruben als Dünger in der Landwirtschaft zu verwenden. Stattdessen wurde, gewissermaßen als Gegenstück zu den Wasserleitungen, ein Kanalnetz für die Abwässer angelegt. Damit war zwar die Gefahr der Wasserverschmutzung in den Städten selbst gebannt, da aber anfangs die wenigsten Städte eine Kläranlage hatten, wurden die Flüsse zunehmend verunreinigt. Nach einer Untersu-

3.2 Siedlungswasserwirtschaft

Die Wasserversorgung

Deutschland hat nach dem Stand von 2007 einen Trinkwasserbedarf von etwa 5 Millionen m³ pro Jahr. Die öffentliche Wasserversorgung deckt ihn zu 70 % aus Grund- und Quellwasser, zu 12 % aus Oberflächenwasser, also aus Seen und Talsperren, zu 9 % aus angereichertem Grundwasser, zu 8 % aus Uferfiltrat und zu 1 % aus Flusswasser. Der Beitrag der einzelnen Wasserarten zur Versorgung ist regional sehr unterschiedlich. In Sachsen und Nordrhein-Westfalen ist der Anteil von Oberflächenwasser mit 50 % bzw. 45 % sehr hoch.

Je nach der Qualität des Rohwassers sind unterschiedlich aufwändige Aufbereitungsverfahren erforderlich, um die hohen Qualitätsanforderungen der Trinkwasserverordnung zu erfüllen. Die Einhaltung der Standards wird intensiv kontrolliert. Trinkwasser ist das am besten überwachte Lebensmittel.

In den meisten Großstädten und Ballungsräumen konnte das lokale Wasserdargebot auf Dauer den Bedarf nicht decken, so dass im Laufe der Zeit weiter entfernte Vorkommen erschlossen werden mussten. Beispiele sind die Versorgung Stuttgarts und weiter Teile Baden-Württembergs aus dem Donauraum und dem Bodensee, der Kohle- und Stahlregion an Ruhr und Emscher aus den Ruhrtalsperren oder von Hamburg aus dem Grundwasser der Nordheide. Berlin hingegen kann sich aus den immensen Grundwasservorräten im Stadtgebiet, wovon die Seen Zeugnis ablegen, selbst versorgen.

Der Wasserbedarf der Industrie ist mit 27 Millionen m³ weitaus höher als der Trinkwasserbedarf. Zu rund 80 % handelt es sich dabei um Kühlwasser für Kraftwerke, das überwiegend aus Flüssen entnommen wird. Durch Wärmelastpläne wird die Entnahme und Einleitung so geregelt, dass sich die Flüsse nicht zu stark erwärmen. In trockenen heißen Sommern kann das dazu führen, dass die Leistung von Kraftwerken verringert werden muss.

In Industrie und Gewerbe wird das Wasser in innerbetrieblichen Wasserkreisläufen mehrfach genutzt. Dadurch hat sich seit Mitte der siebziger Jahre des 20. Jahrhunderts der Wasserbedarf erheblich verringert.

Die Abwasserbehandlung

Während des 20. Jahrhunderts wurden in mehreren Entwicklungsschritten sehr leistungsfähige Anlagen zur Behandlung der Abwässer aus dem häuslichen, gewerblichen und industriellen Bereich entwickelt.

Auf dieser Grundlage ist in Deutschland seit Mitte der siebziger Jahre des 20. Jahrhunderts eine umfassende Abwasserbehandlung für kommunale wie industrielle Abwässer aufgebaut worden. Etwa 95 % der Einwohner Deutschlands sind an eine der knapp 10.000 öffentlichen Kläranlagen angeschlossen. Gewerbe und Industrie betreiben 3.400 Anlagen.

Durch hintereinander geschaltete mechanische, biologische und chemische Verfahren wird eine weitgehende Reinigung der Abwässer erreicht. Organische Verschmutzungen und Phosphorverbindungen werden zu über 90 % abgebaut, bei Stickstoff liegen die Werte zwischen 75 % und 90 %.

Ein neues Problem für die Abwasserbehandlung sind die zahlreichen pharmazeutischen Substanzen, die Menschen zu sich nehmen und wieder ausscheiden. Sie können nicht nur Wasserlebewesen schädigen, sondern auf dem Rückweg übers Trinkwasser auch den Menschen beeinträchtigen.

Siedlungsentwässerung und Gewässerschutz

Fällt starker Regen auf die versiegelten Flächen von Siedlungsgebieten, kann es zu Überflutungen von Gebäuden und Straßen kommen. Die Problemlösung war, die Abflüsse so vollständig wie möglich in die Kanalisation abzuleiten. So entstanden im Laufe der Zeit neben den Abwässerkanälen auch Regenwasserkanäle.

Abb. 3.2.4 Regenüberlaufbecken zur Behandlung von Mischwasserabflüssen

Abb. 3.2.5 Belebtschlammbecken zur biologischen Abwasserreinigung in einer Kläranlage

Insgesamt hat das öffentliche Kanalnetz Deutschlands eine Länge von 540.000 km. Auf 56 % der Strecke werden Abwasser und Regenwasser getrennt abgeleitet. In diesen Fällen wird das Regenwasser zumeist unbehandelt in die Flüsse geleitet. Fließt der Regenabfluss hingegen gemeinsam mit Schmutzwasser in einem Kanal, wird das so entstandene Mischwasser etwa zur Hälfte in Kläranlagen behandelt. Bei Starkniederschlägen können die Kanalisationen die Wassermengen nicht mehr bewältigen. Dann muss der überwiegende Teil des Mischwassers nur von Grobstoffen befreit in die Gewässer geleitet werden. Dies führt zeitweilig zu einer erheblichen Verschmutzung der Gewässer.

3.2 Siedlungswasserwirtschaft

Deshalb wurde gegen Ende des 20. Jahrhunderts das Postulat, alle Abflüsse aus dem Siedlungsgebiet möglichst schnell abzuführen, zunehmend in Frage gestellt. Stattdessen trat das Retentionsprinzip in den Vordergrund, das darauf gerichtet ist, den Abfluss von Regenwasser zu vermindern und zu verzögern. Als erstes ist dabei daran zu denken, Flächen so zu gestalten, dass Regenwasser versickern kann. Das allein aber genügt bei weitem nicht; denn Straßen und Plätze in Städten lassen sich nun einmal nicht durchlässig machen. So hat sich für den Umgang mit Regenwasser ein eigenes Aufgabengebiet entwickelt, die Regenwasserbewirtschaftung. Sie befasst sich mit der Nutzung, der Versickerung, dem Rückhalt, der Speicherung und der Reinigung von Regenwasser. Diesem Zweck dienen inzwischen 24.000 Regenüberlaufbecken und Stauraumkanäle, 18.500 Regenrückhaltebecken und 3.000 Regenklärbecken. Zusammen haben diese Anlagen ein Speichervolumen von 52 Millionen m³.

Von der Versiegelung werden besonders kleine und mittlere Gewässer in Siedlungsnähe stark in Mitleidenschaft gezogen. Nicht nur die Wassergüte leidet, sondern schon ab einem

Abb. 3.2.6 Grünfläche in einem der 1 ha großen Bebauungscluster im Stadtteil Hannover-Kronsberg, der als Bestandteil der EXPO 2000 zum Thema Nachhaltigkeit gebaut wurde. Die Grünfläche nimmt die Dachabflüsse der beidseitig angeordneten Mehrfamilienhäuser und der Hof- und Wegflächen auf. Die Mauern dienen einerseits der Flächengliederung und andererseits dem Rückhalt. Das Wasser kann dann in den davor liegenden Grünflächen versickern.

Abb. 3.2.7 Versickerungsanlage – Schotterfläche rechte Bildseite – in der Neubausiedlung Langenhagen-Weiherfeld

Versiegelungsanteil von 5% verändert sich auch das Abflussverhalten und die Gewässerstruktur merklich. In Trockenzeiten werden die Gewässer zu Rinnsalen oder versiegen ganz, nach Starkniederschlägen erodieren die Gewässersohle und die Ufer.

Die EG-Wasserrahmenrichtlinie wird der Regenwasserbewirtschaftung zusätzliche Schubkraft geben; denn eine „gute ökologische Qualität" oder zumindest ein „gutes ökologisches Potenzial der Gewässer", wie in der Richtlinie gefordert, wird sich ohne weitere Maßnahmen im Bereich der Siedlungsentwässerung in vielen Fällen kaum erreichen lassen.

Vordringlich ist aber, dass der weiteren Versiegelung Einhalt geboten wird. Zwar ist Deutschland zu 83% mit Feldern, Wiesen und Wäldern bedeckt, aber Siedlungs- und Verkehrsflächen nehmen immerhin 13% ein und obwohl die Bevölkerung schrumpft und auch die Verstädterung zum Stillstand gekommen ist, wachsen sie noch weiter. Zwischen 1992 und 2004 wurden jährlich 440 km² mit Verkehrs- und Siedlungsflächen überbaut, das sind pro Tag 120 ha. In der nationalen Nachhaltigkeitsstrategie ist ein Ziel von höchstens 30 ha pro Tag vorgegeben.

3.3 Gewässerverunreinigung als Herausforderung

Industrialisierung und Verstädterung ebneten Europa den Weg aus der Armut, doch die Kehrseite der Medaille war eine starke Umweltverschmutzung. Rauchschwaden verpesteten die Luft und aus Städten, Fabriken und Gewerbebetrieben ergoss sich ein Strom ungereinigter Abwässer in die Flüsse. Die Wirkungen waren verheerend. Über die Abwassereinleitungen der BASF bei Ludwigshafen in den Rhein, „die als breiter Streifen von wechselnder Farbe sich mehrere Kilometer weit entlang des Ufers verfolgen lassen", wurde 1905 in den Arbeiten aus dem Kaiserlichen Gesundheitsamte festgestellt: „Im Bereich der Einläufe ist natürlich alles organische Leben vernichtet".

Neben der Farbenindustrie leiteten auch die Papier- und Zellstoffindustrie, die Textil-, Leder-, Zucker- und Lebensmittelindustrie sowie die Metall- und Bergbauindustrie Abwässer mangelhaft oder gar nicht gereinigt in die Gewässer. Ein spezielles Problem entstand durch die Kaliindustrie, die sich ab 1861 im Einzugsgebiet der Saale (Bode, Unstrut, Wipper) rasant entwickelte. Ihre Abwässer bewirkten massive Erhöhungen von Salzkonzentration und Wasserhärte.

Die Anfänge der Gewässeruntersuchungen

Die Inhaltsstoffe von Mineralquellwasser hatten Apotheker und Chemiker bereits im 18. Jahrhundert analysiert, doch Flusswasser wurde erst ab Mitte des 19. Jahrhunderts vermehrt Gegenstand wissenschaftlicher Untersuchungen.

3.3 Wasserqualität

Für eine geplante zentrale Wasserversorgung von Dresden wurden z.B. im Jahre 1862/63 der Elbe und ihren Nebenflüssen bei verschiedenen Wasserständen Wasserproben entnommen und auf ihre Bestandteile untersucht. Nach Errichtung der Förderbrunnen des Wasserwerkes Saloppe in der Dresdner Elbaue wurde durch die Königlich chemische Zentralstelle für öffentliche Gesundheitspflege ab 1877 monatlich die Beschaffenheit des Dresdner Leitungswassers und des Elbwassers analysiert, um eventuelle Einflüsse der Elbe auf das Leitungswasser feststellen zu können. Der Apotheker Vohl prüfte in den Jahren 1870 und 1871, ob Rheinwasser zur Speisung der Kölner Wasserwerke geeignet sei. Er erkann-

Entwicklung des Sauerstoffgehaltes im Rhein 1970–2000

Für die meisten Wasserorganismen ist eine ausreichende Versorgung mit in Wasser gelöstem Sauerstoff lebensnotwendig. Sauerstoffkonzentrationen unterhalb von 4 mg/l gelten als fischkritisch und können zu Fischsterben führen. Die Löslichkeit des Sauerstoffs im Wasser nimmt mit steigender Wassertemperatur ab. Dies zeigt sich auch im Jahresgang des Sauerstoffgehaltes. Seit Mitte der 1990er Jahre liegt der Sauerstoffgehalt im Rhein meist im Bereich der Sättigungskonzentration (grüne und blaue Bereiche). Vor dem Jahr 1975 traten durch die Einleitungen sauerstoffzehrender Stoffe regional und saisonal ausgedehnte Phasen kritischer Sauerstoffkonzentrationen auf (rote Bereiche). Mit dem Ausbau der Kläranlagen verbesserte sich die Situation deutlich.

Abb. 3.3.1: Sauerstoffgehalt im Rhein von Rhein-km 335 bis 865 für die Jahre 1970 bis 2000 auf der Basis von 14-Tageswerten

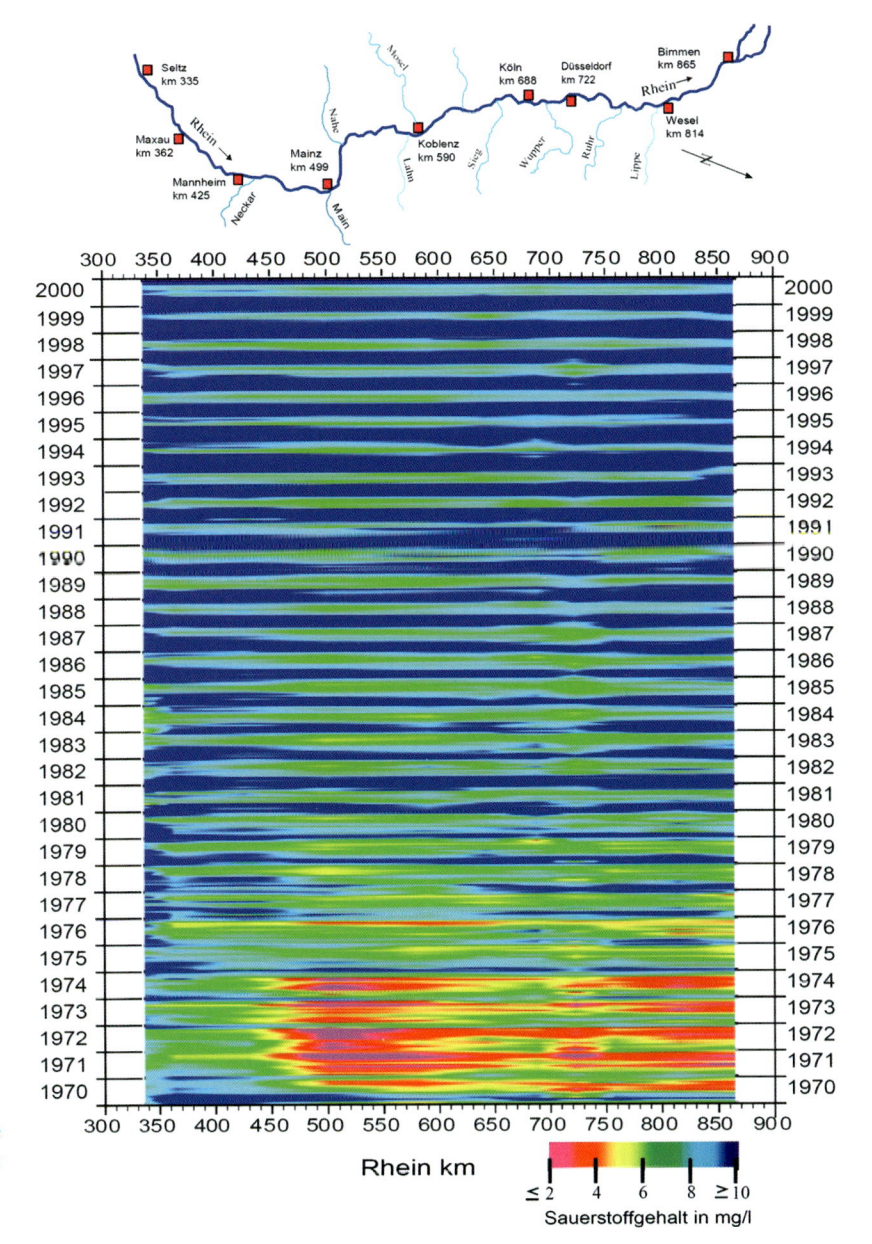

Abb. 3.3.2 Apparate für Rheinwasser-Untersuchungen

Der Staat tritt in Aktion

Die zunehmende Verunreinigung der Gewässer und die damit verbundene Gefährdung der Trinkwasserversorgung und der Gesundheit rief die Behörden auf den Plan. Auf kommunaler, bundesstaatlicher und zentralstaatlicher Ebene wurden beratende und überwachende Institutionen eingerichtet. Sie wurden die maßgeblichen Akteure für Gewässeruntersuchungen und gaben wichtige Impulse für die Entwicklung neuer Untersuchungsformen.

Ab den 1870er Jahren gab es in Kommunen und teilweise auch in größeren Verwaltungseinheiten chemische bzw. Nahrungsmittel-Untersuchungsämter. Preußen besaß als zentrale Behörden die Königlich wissenschaftliche Deputati-

te, dass dazu nicht einzelne Untersuchungen ausreichten, sondern viele Proben an verschiedenen Stellen bei unterschiedlichen Wasserständen zu schöpfen seien. Vohl verwarf die Nutzung des Rheinwassers, „weil mit dem Fortschritt der Cultur und der Gewerbe die unreinen Zuflüsse zu dem Strome sich vermehrt haben".

Abb. 3.3.3 Entnahme von Wasserproben vom Boot aus, um 1900

3.3 Wasserqualität

on für das Medizinalwesen, die vorwiegend gutachterlich tätig war und ab 1901 die Königliche Versuchs- und Prüfungsanstalt für Wasserversorgung und Abwässerbeseitigung, die Begutachtung und Forschung vereinte. In Flussgebieten, in denen die Reinhaltung der Wasserläufe besonders gefährdet erschien, wurden ab 1909 Flusswasseruntersuchungsämter eingerichtet, die in enger Zusammenarbeit mit der Königlichen Versuchs- und Prüfungsanstalt agierten.

Auf der Ebene des Zentralstaates hatte das Deutsche Reich ab 1876 mit dem Kaiserlichen Gesundheitsamt eine beratende und koordinierende Behörde geschaffen, die auch eigene Begutachtungen vor Ort durchführte. Das Kaiserliche Gesundheitsamt wurde ab 1900 vom Reichs-Gesundheitsrat unterstützt, einem Expertengremium, das auch als Bindeglied zu den Behörden der Bundesstaaten diente. Ausschließlich regional tätig waren Reinhaltungs-Wassergenossenschaften wie z.B. die 1904 gegründete Emschergenossenschaft. Universitäten, insbesondere deren noch junge hygienische Institute, waren ebenfalls in verschiedene Gewässeruntersuchungen eingebunden.

Systematische Untersuchung an Rhein und Main

Auf Anregung Bayerns, das durch die Pfalz ein Rheinanlieger war, trafen sich im Januar 1904 in Mainz Vertreter des Reichs, Preußens, Bayerns, Badens, Hessens und Elsaß-Lothringens, um eine fortlaufende systematische Untersuchung des Rheinstroms und seiner Verunreinigung von Basel bis Koblenz zu organisieren.

Man stellte einen umfangreichen Katalog von chemischen, physikalischen und bakteriologischen Untersuchungen auf.

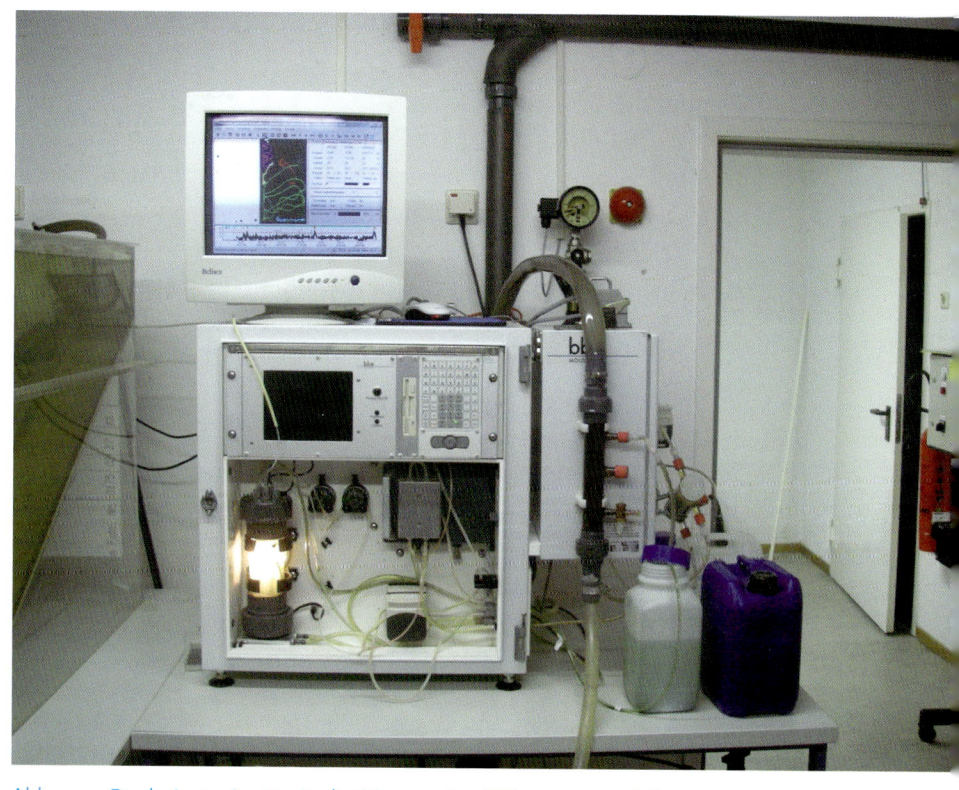

Abb. 3.3.4 Daphnientoximeter in der Messstation Hohenwutzen, Oder. Im Daphnientoximeter wird das Schwimmverhalten von Daphnien (*Daphnia magna*), das sich unter der Einwirkung von toxischen Stoffen ändert, in einer von Wasser durchströmten Messkammer beobachtet. Aus den mit einer Kamera aufgezeichneten Schwimmbahnen werden computergestützt Verhaltensparameter abgeleitet und bei gravierenden Verhaltensänderungen Alarmmeldungen gegeben.

Dafür sollten an 35 Stellen über die gesamte Strombreite hinweg Wasserproben entnommen werden. Die Arbeit wurde auf sieben Gruppen aufgeteilt, die jeweils für ein Teilstück zwischen Basel und Koblenz zuständig waren. Die Koordination und Zusammenführung der Ergebnisse übernahm das Kaiserliche Gesundheitsamt. Nach der Einigung auf einheitliche Entnahmeapparate und Probenahmeverfahren fand im Oktober 1904 die erste systematische Rheinuntersuchung statt, der in annähernd monatlichen Abständen weitere folgten. Nach sechs Messkampagnen wurden bei einem Erfahrungsaustausch im April 1905 einheitliche Ergebnistabellen und ergänzende biologische Untersuchungen eingeführt. Die systematischen Untersuchungen ergaben einen guten Überblick über die Verunreinigung des Rheins. So berichtete nach 11 Untersuchungen der Verantwortliche für die Teilstrecke Worms-Rüdesheim: „Wir wissen, daß der Rhein auf kürzere oder längere Strecken, rechts oder links, mehr oder weniger verunreinigt, im allgemeinen aber besonders in der Mitte, etwa im Talweg, von noch zufriedenstellender Beschaffenheit ist. Diese Auffassung müßte aber sofort eine wesentliche Einschränkung erfahren, wenn die Verunreinigungsquellen sich ihrer Zahl oder Intensität nach vermehren".

Ein ganz besonderer Brennpunkt der Gewässerverschmutzung war der Unterlauf des Mains. Aus zahlreichen Fabriken und städtischen Kanalisationen auf bayerischem, hessischem und preußischem Gebiet flossen ungereinigte Abwässer in den Fluss. Erst nach zahlreichen Eingaben, Beschwerden und Petitionen bis zum Reichstag wurde mit dem Mainwasser-Untersuchungsamt Wiesbaden 1909 eine Überwachungsstelle eingerichtet, die regelmäßige Untersuchungen an festgelegten Stellen im Gewässer und direkt bei Fabrikabläufen vornahm.

Nach Auswertung einer ausführlichen biologischen, bakteriologischen und chemischen Untersuchung des Mains im

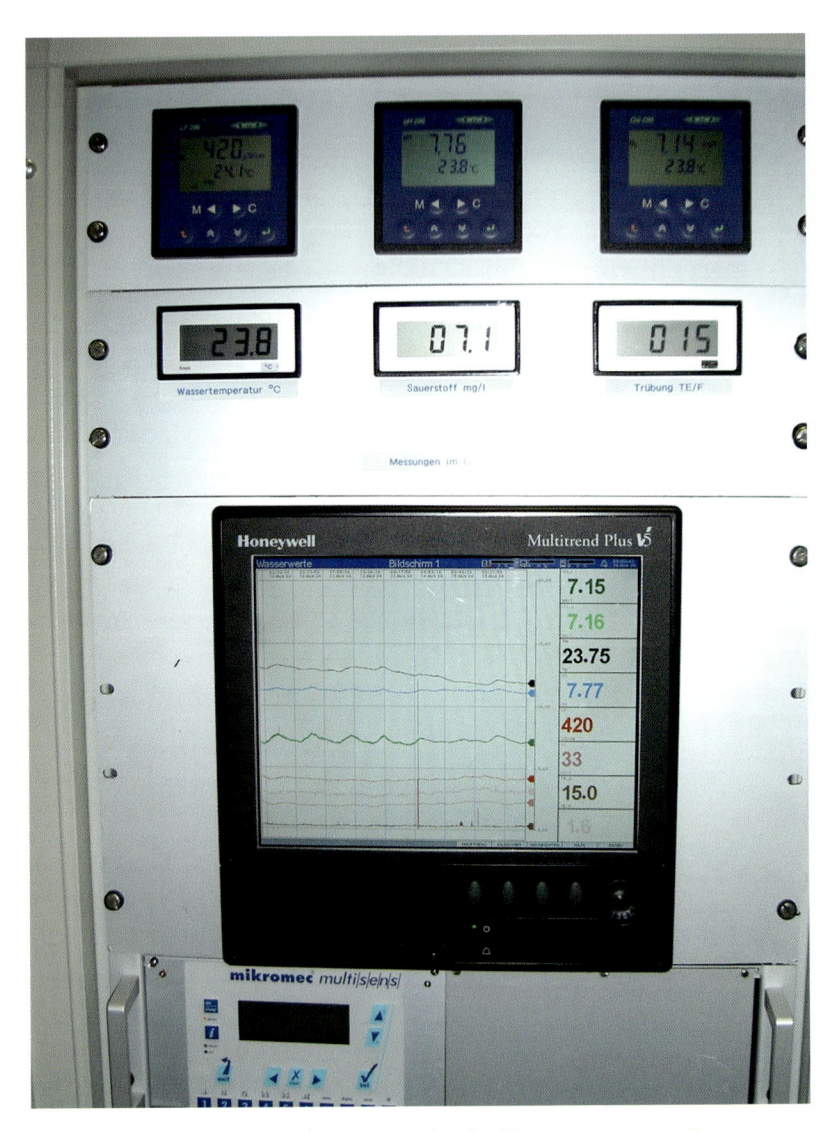

Abb. 3.3.5 Messwertanzeige der Messsonden für Wassertemperatur, Sauerstoffgehalt und Trübung des Wassers an der Messstation Koblenz, Rhein

3.3 Wasserqualität

August/September 1904 übernahm Preußen die Initiative und intensivierte per ministeriellem Erlass im September 1906 die Abwasserkontrolle. Da sie sich jedoch auf verschiedene Ämter verteilte – Wasserbau, Medizinal- und Gewerbeaufsicht – gab es Abstimmungsprobleme. Mit den „Grundsätzen für die Mainkontrolle" wurde 1908 die Abwasserkontrolle auf der preußischen Mainstrecke neu geregelt und die Untersuchung aller Proben durch die zu erweiternde Medizinal-Untersuchungsstelle zu Wiesbaden (Umbenennung 1910 in Mainwasser-Untersuchungsamt) beschlossen. Neben regelmäßigen vierzehntäglichen Probenahmen waren häufige außerordentliche Beprobungen geplant. 1912 wurde das Mainwasser-Untersuchungsamt als besondere Abteilung an die Königliche Versuchs- und Prüfungsanstalt für Wasserversorgung und Abwässerbeseitigung angegliedert.

Heutige Untersuchungsprogramme

Nach dem Zweiten Weltkrieg wurden für die großen deutschen Flüsse nationale und internationale Flussgebietskommissionen gegründet, die den Schutz vor Verunreinigung zur Aufgabe hatten und länderübergreifend Koordinierungsaufgaben übernahmen. Entsprechende chemische Untersuchungsprogramme begannen beispielsweise am Rhein 1953 mit koordinierten Untersuchungen vom Bodensee bis in die Niederlande. Heutige Untersuchungsprogramme sind wesentlich durch die Europäische Wasserrahmenrichtlinie geprägt. Diese fordert eine integrative Beurteilung und Bewirtschaftung von Flussgebieten und wird durch die Wasserwirtschaftsverwaltungen der Bundesländer umgesetzt.

Von den Pionieren lernen

Die im Oktober 1904 erstmals ausgeführten „systematischen Rheinuntersuchungen" lösten bereits das für heutige chemische Untersuchungsprogramme wichtige Problem der repräsentativen Probenahme, indem jeweils am linken und rechten Ufer und in der Strommitte eine Wasserprobe entnommen wurde. Aus den Ergebnissen der Einzelproben konnten damit leicht die Abwasserfahnen von Einleitern zugeordnet bzw. die Repräsentativität der Beprobung bezüglich ausgewählter Kenngrößen über den Flussquerschnitt beurteilt werden. Diese Vorgehensweise, Ergebnisse im

Abb. 3.3.6 Messfloß für die kontinuierliche Wasserentnahme an der Messstation Koblenz, Rhein. Das entnommene Wasser wird direkt zu den Analyse- und Probenahmegeräten im Labor gepumpt.

Querprofil zugrunde zu legen, wird in Deutschland aktuell im Zuge der Einführung der EG-Richtlinie „Prioritäre Stoffe" diskutiert.

Auch die Berichterstattung über die Untersuchungsergebnisse erfolgte bereits seit Mitte des 19. Jahrhunderts transparent, ausführlich und klar strukturiert. Ergebnistabellen wurden zunehmend vereinheitlicht und durch grafische Darstellungen ergänzt. Regelmäßige Berichte zu den Ergebnissen der Messnetze der Flusswasseruntersuchungsämter sind Vorläufer der sogenannten Zahlentafeln für physikalisch-chemische Untersuchungen in Flussgebieten wie Elbe, Weser und Rhein, die inzwischen im Internet veröffentlicht werden.

Abb. 3.4.1 Technischer Hochwasserschutz innerhalb eines Bebauungsgebietes

3.4 Mehr Raum für die Fließgewässer

Wasser, die Grundlage allen Lebens, kann nach extremen Niederschlägen leicht zur tödlichen Bedrohung werden. Deshalb hat der Mensch seit jeher versucht, seinen Lebensraum vor Hochwassergefahren zu schützen. In den vergangenen zwei Jahrhunderten konzentrierten sich die entsprechenden Maßnahmen in den europäischen Flusstälern vorwiegend auf die Vertiefung, Eindämmung und Begradigung von Gewässern. Dadurch ließ sich Hochwasser leichter abführen und die Häufigkeit von Hochwasserschäden nahm deutlich ab. Das Ausbleiben von Schadensereignissen hatte jedoch zur Folge, dass ehemals gefährdete Gebiete intensiver genutzt oder überhaupt erst in Nutzung genommen wurden. Doch der Schutz vor häufigen kleineren Ereignissen garantiert keineswegs eine Sicherheit vor seltenen großen Hochwassern. Vielmehr ist – mit oder ohne Klimawandel – von Zeit zu Zeit damit zu rechnen, dass ein extremes Ereignis den vorgegebenen Bemessungsabfluss überschreitet. Tritt dieser Fall ein, erreichen die Hochwasserschäden als Folge der Wertekonzentration im gewässernahen Bereich immense Summen. Der Siedlungsdruck in Ufernähe führt häufig auch dazu, Gewässer auf einen minimalen Querschnitt einzuengen. Das begrenzt nicht nur die Abflusskapazität bei Extremereignissen, sondern führt auch dazu, dass Fließgewässer ihre vielfältigen ökologischen Funktionen nur noch beschränkt oder gar nicht mehr erfüllen können.

3.4 Hochwasser

Abb. 3.4.2 Gewachsene Uferbereiche bieten nicht nur ökologische Nischen, sie bieten bei Hochwasser auch Überflutungsflächen.

Eingriffen höhere Priorität eingeräumt werden. Das Hauptziel besteht darin, den Schutz von Menschen und Sachwerten mit minimalen Eingriffen in die Gewässer zu realisieren. Grundlegende Voraussetzung dazu bildet die räumliche und zeitliche Erfassung der Hochwasserbedrohung in Form einer Gefahrenanalyse. Gefahrenkarten zeigen zum Beispiel, wo bei welchem Wasserstand entlang eines Flusses mit Hochwasserschäden zu rechnen ist. Auf europäischer Ebene ist die EG-Hochwasserrisikomanagementrichtlinie die Grundlage für ein derartiges integratives Hochwasserrisikomanagement. Die Umsetzung der in der EG-Richtlinie geforderten Maßnahmen führt letzten Endes zu einer Verminderung des Hochwasserrisikos.

Abb. 3.4.3 Ausbau eines Fließgewässers in Südthüringen, 30er Jahre des 20. Jahrhunderts

Neuorientierung des Hochwasserschutzes

Wie die ständig wachsenden Schadensummen zeigen, reichen technische Maßnahmen allein nicht aus, um den menschlichen Lebensraum im gewünschten Maß vor Wassergefahren zu schützen. Hinzukommen muss eine der Gefährdung angepasste Raumnutzung. Ein zeitgemäßer Hochwasserschutz kann sich nicht darauf beschränken, bestehende Bach- und Flusskorrekturen zu unterhalten oder gar noch zu vervollständigen. Vielmehr gilt es, im Sinne einer Neuorientierung raumwirksame Tätigkeiten in die Planung einzubeziehen. Ihnen muss gegenüber baulichen

3 Bewirtschaftung der Wasserressourcen – wie wird vorgegangen?

Abb. 3.4.4 Hochwasser am Rhein in Köln im November 1924

Abb. 3.4.5 Beidseitige Bebauung im engen Mittelrheintal. Hochwasser kann sich hier nicht in der Fläche ausbreiten.

Hochwasserschutz

Technische Maßnahmen allein reichen nicht aus, um Siedlungsgebiete wirkungsvoll vor den Hochwassergefahren zu schützen. Dies haben die Überschwemmungs-Katastrophen der letzten Jahre eindrücklich gezeigt. Stärker als bisher muss der Mensch seine Raumnutzung in Zukunft den Naturgefahren anpassen und bestehenden Risiken möglichst ausweichen. Nicht zuletzt brauchen die vielerorts eingeengten Fließgewässer wieder mehr Platz.

Ökologische Aufwertung der Gewässer

Die neue Philosophie vereint das Anliegen des Hochwasserschutzes mit dem Bestreben, die ökologischen Funktionen der Gewässer zu erhalten.

Ausgewiesene Gefahrengebiete sichern gleichzeitig den Raumbedarf der Gewässer. Um die Funktionsfähigkeit der kleineren bis mittelgroßen Fließgewässer sicherzustellen – sie machen den Großteil des Gewässernetzes aus – sollte die Gerinnesohle möglichst im natürlichen Zustand bleiben sowie ein Uferbereich von je 5 bis 15 Metern freigehalten werden. Die entsprechenden Flächen sollten in der Nutzungsplanung festgelegt und bei allen raumwirksamen Tätigkeiten berücksichtigt werden. Da bei der Festlegung des Raumbedarfs unterschiedliche Interessen aufeinandertreffen, sollte man sich unter Mitwirkung aller Betroffenen auf sozial verträgliche, ökologisch sinnvolle und wirtschaftlich tragbare Lösungen einigen. Dies bedingt insbesondere ein Abwägen der Interessen zwischen Siedlungsnutzung, Landwirtschaft und Umweltschutz. Raumbedarf für den Hochwasserschutz

3.5 Gefahrenanalyse

Abb. 3.4.6 Hochwasser der Donau in Regensburg

Abb. 3.4.7 Altarme mit Verbindung zum Fluss und Auewiesen bieten Raum für Überflutung.

besteht aber nicht nur im Uferbereich. Um den Hochwasserabfluss zu verzögern und die Abflussspitzen zu dämpfen, sollten natürliche Rückhalteräume wie Flussauen erhalten und wo immer möglich wiederhergestellt werden.

Viele der menschlichen Aktivitäten beeinflussen den natürlichen Wasserkreislauf in negativer Weise und haben dadurch zu einer Verschärfung der Hochwassergefahr geführt. Der zeitgemäße Hochwasserschutz versucht, die Folgen dieser Eingriffe soweit wie möglich rückgängig zu machen, auszugleichen oder künftig zu vermeiden.

Darüber hinaus muss sich die Gesellschaft aber der grundlegenden Diskussion stellen, wie sie mit Naturgefahren umgehen will. Dann würde die Erkenntnis reifen, dass Sicherheit um jeden Preis ein unrealistisches Anliegen ist.

3.5 Vom Sicherheitsdenken zur Risikobewertung

Als sich um die Jahrtausendwende an Oder und Elbe im Abstand weniger Jahre Überschwemmungen mit Milliardenschäden ereigneten, setzte eine intensive Diskussion darüber ein, wie derartige Katastrophen in Zukunft zu verhindern seien. Was aber ist eigentlich eine Katastrophe? Nach der Definition im Brockhaus bezeichnet der Begriff Katastrophe ein „schweres Unglück: Naturereignis mit verheerender Wirkung". Demzufolge spricht man nur dann von einer

3 Bewirtschaftung der Wasserressourcen – wie wird vorgegangen?

Abb. 3.5.1 Hochwasser 2003 an der Mosel

Abb. 3.5.2 Wird ein bestimmter Wasserstand bei Hochwasser überschritten, wird aus Sicherheitsgründen die Schifffahrt eingestellt.

Hochwasserkatastrophe, wenn die Schäden, das heißt die Auswirkungen, katastrophal sind. Solange die verheerende Wirkung auf den Menschen ausbleibt, ist ein Hochwasser keine Katastrophe. Auch ein sehr großes Hochwasser im unbewohnten Amazonasgebiet wird in den Medien kaum Erwähnung finden, die Überschwemmung eines Stadtteils von Dortmund infolge eines Sommergewitters jedoch sehr wohl. Die Schäden sind also der Indikator einer Hochwasserkatastrophe. Ihr Umfang wird wesentlich durch den Menschen bedingt. Ihnen auszuweichen ist jedoch keine praktikable Lösung. Von jeher gab es triftige Gründe, dass Menschen sich Hochwassergefahren aussetzten. Sie siedelten an Flüssen, weil sie ihnen Wasser für Bewässerung lieferten, als Transportwege dienten, Mühlen antrieben und Abwässer wegführten. Dass dort prinzipiell mit Hochwasser zu rechnen ist, wurde in Kauf genommen.

Hochwasser sind extreme Naturereignisse. Das bedeutet, dass man Hochwasser nicht verhindern kann. Die Vorstellung, eine technisierte Gesellschaft habe die Abhängigkeit des Menschen von der Natur beendet, wird im Hochwasserfall deutlich widerlegt. Das hat zum Beispiel das Elbehochwasser 2002 eindrucksvoll vor Augen geführt. Auch verstärkte Aktivitäten beim Klimaschutz, die Umgestaltung der Fließgewässer in Richtung Renaturierung oder die

3.5 Gefahrenanalyse

Entsiegelung von Flächen können nicht ausschließen, dass bei entsprechend extremen Regenfällen ein Katastrophenhochwasser eintritt. Was man verhindern oder zumindest reduzieren kann und muss, sind die katastrophalen Konsequenzen für die Gesellschaft. Damit ergibt sich für den Hochwasserschutz ein Paradigmenwechsel vom bisherigen Sicherheitsdenken hin zu risikobewusstem Planen. Um den Unterschied zwischen beiden Betrachtungsweisen zu verdeutlichen, muss man die Wahrscheinlichkeit großer Hochwasser betrachten.

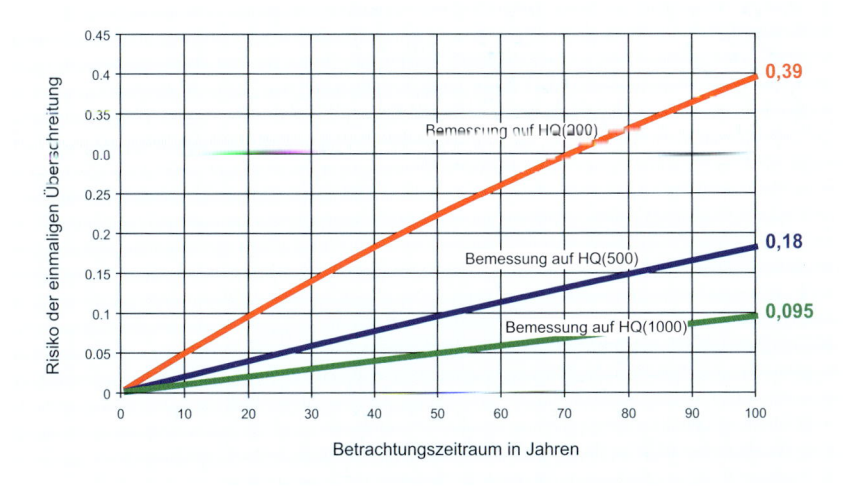

Abb. 3.5.3 Risiko der einmaligen Überschreitung in 100 Jahren. Die rechte Diagrammseite gibt die Wahrscheinlichkeit des Auftretens eines Bemessungshochwassers von 1000 Jahren (0,095), von 500 Jahren (0,18) und von 200 Jahren (0,39) an. Die mit Hilfe der Jährlichkeit ausgedrückte Wahrscheinlichkeit eines Hochwassers bezieht sich stets auf ein einzelnes Jahr. Betrachtet man einen Zeitraum von mehreren Jahren, steigt das Risiko der mindestens einmaligen Überschreitung dieses Ereignisses exponentiell mit der Zahl der betrachteten Jahre an.

Was ist ein Jahrhunderthochwasser?

Die Häufigkeit, mit der Hochwasser auftreten, wird mit Hilfe der mathematischen Statistik berechnet. Ausgangspunkt sind kontinuierliche Aufzeichnungen des Wasserstandes an den Abflussmessstellen, den Pegeln. Aus der Beobachtungsreihe werden die jeweils höchsten Abflusswerte eines Jahres ausgewählt und der Größe nach geordnet. Aus einer solchen Reihe der Jahreshöchstwerte lässt sich ermitteln, wie oft ein bestimmter Hochwasserwert erreicht oder überschritten wurde. Dividiert durch die Anzahl der Beobachtungsjahre ergibt sich die relative Häufigkeit, ein Näherungswert für die Wahrscheinlichkeit, dass ein bestimmter Hochwasserwert

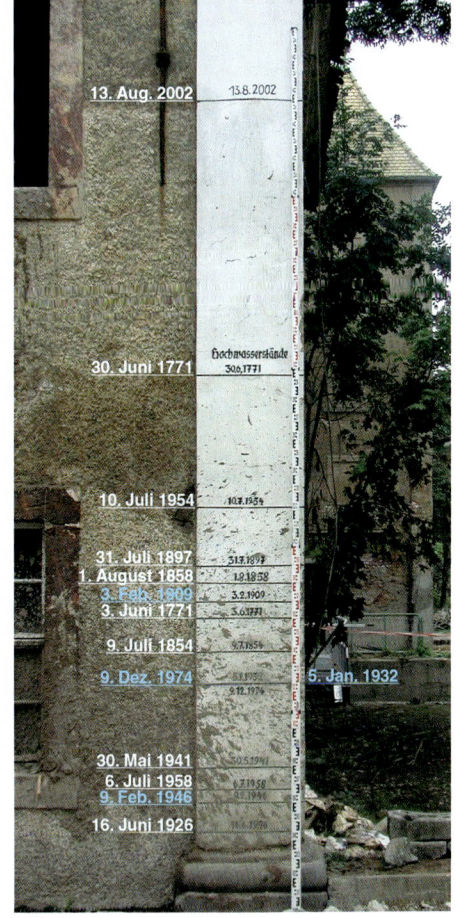

Abb. 3.5.4 Eine Beobachtungsreihe ist in der Regel zu kurz – meist nur 30 bis 100 Jahre – um Aussagen zu seltenen Ereignissen zu zulassen. Eine Abflussreihe der Vereinigten Mulde für den Zeitraum 1910 bis 1950 hätte z.B. das Hochwasserrisiko in Grimma wesentlich unterschätzt wie die Hochwassermarken an der dortigen alten Mühle belegen.

in einem Jahr auftritt. Das größte Ereignis tritt einmal auf und ist die Beobachtungsreihe beispielsweise hundert Jahre lang, hat es eine relative Häufigkeit von 1 %. Ein Hochwasserwert, der zweimal erreicht wurde, hat die relative Häufigkeit 2 % usw. Das Verfahren lässt sich natürlich auf Beobachtungsreihen beliebiger Länge anwenden.

Zur Bestimmung der Wahrscheinlichkeit seltener Hochwasser reicht es allerdings nicht aus. Die Beobachtungsreihen sind viel zu kurz, um abzudecken, wozu die Natur fähig ist. Sehr seltene extreme Hochwasser können alles übertreffen, was die neuzeitliche Zivilisation bislang erlebt hat. Man kann aus den relativen Häufigkeitswerten aber eine analytische Funktion ableiten und mit dieser „statistischen Verteilungsfunktion" lässt sich dann auch die Wahrscheinlichkeit sehr großer, bisher noch nicht aufgetretener Hochwasser abschätzen.

Der Reziprokwert dieser Wahrscheinlichkeiten wird oft als „statistisches Wiederkehrintervall" oder als „Jährlichkeit" bezeichnet. Damit wird angegeben, in welchem Zeitraum der betrachtete Höchstwert im statistischen Mittel überschritten wird. Ein Hochwasser mit der Wahrscheinlichkeit 1 % oder 0,01 hat damit eine Jährlichkeit von 100 Jahren. Irreführender Weise wird es oft als „Jahrhunderthochwasser" bezeichnet, womit dann die Vorstellung verknüpft ist, es sei das größte Hochwasser des Jahrhunderts. Das ist falsch. Es

Abb. 3.5.5 Bilder, die sich gleichen: Die Müglitztalbahn im Osterzgebirge nach dem Hochwasser 1927 (oben) und nach dem Augusthochwasser 2002 (unten); die Strecke wurde 1939 und 2003 nach Beseitigung der Hochwasserschäden wieder in Betrieb genommen.

3.5 Gefahrenanalyse

Abb. 3.5.6 Am falschen Platz: Die Lage am Prallhang des Bachlaufs wurde diesem Haus im Erzgebirge beim Hochwasser 2002 zum Verhängnis.

Abb. 3.5.7 Hochwassersicheres Bauen? Der Bau einer unverfugten Stützmauer mit ökologisch wertvollen Hohlräumen hat sich im Erzgebirge 2002 nicht bezahlt gemacht.

tritt zwar wahrscheinlich zehnmal in tausend Jahren auf, allerdings weder im Abstand von 100 Jahren, noch muss es bisher in einer hundertjährigen Beobachtungsreihe überhaupt vorgekommen sein.

Trügerische Sicherheit

Das bisher übliche Sicherheitsdenken beruhte auf folgenden Überlegungen: Wird ein Hochwasser mit sehr großer Jährlichkeit den Planungen zu Grunde gelegt, so ist der Hochwasserschutz bis zu diesem „Bemessungshochwasser" gesichert. Alles was darüber hinausgeht, wurde bisher unter der Rubrik „höhere Gewalt" abgelegt und nicht weiter in Erwägung gezogen. Mittlerweile ist den meisten Fachleuten klar, dass dieses Sicherheitsdenken zu riskant ist. Vernachlässigt wird zum Beispiel das stochastische Risiko: Die mit Hilfe der Jährlichkeit ausgedrückte Wahrscheinlichkeit eines Hochwassers bezieht sich stets auf ein einzelnes Jahr. Betrachtet man jedoch einen Zeitraum von mehreren Jahren, steigt das Risiko einer Überschreitung exponentiell mit der Zahl der Jahre an. Bei einem Hochwasser mit der Jährlichkeit von $T=100$ Jahren beläuft sich das Risiko, dass es überschritten

Abb. 3.5.8 Zur Wahl des Bemessungshochwassers: Auch die beiden zusätzlichen Durchlässe konnten die benachbarte Straßenbrücke im Erzgebirge 2002 nicht retten.

wird, über einen Zeitraum von 25 Jahren betrachtet, schon auf 22 %. Es ist also nur eine Frage der Zeit, bis ein Ereignis von der Art „höhere Gewalt" eintritt. Neben der Bezugszeit gibt es noch andere Unsicherheiten:

- die Hochwasserverhältnisse können sich über den Beobachtungszeitraum verändern, da sich die Flussgebiete durch andere Landnutzung, Talsperren und Eingriffe in den Flusslauf wandeln;
- die Beobachtungsreihe ist in der Regel zu kurz (meist nur 30 bis 100 Jahre), um Aussagen zu seltenen Ereignissen zuzulassen;
- in einer Stichprobe sind oftmals sehr verschiedene Ereignistypen mit jeweils unterschiedlichen Häufigkeiten enthalten;
- Klimaschwankungen bewirken unterschiedliche Hochwasserhäufigkeiten in verschiedenen Zeitabschnitten.

Von höherer Gewalt zum Restrisiko

Selbst wenn alle Schutzmaßnahmen auf das „größtmögliche Hochwasser" ausgelegt würden, was aus wirtschaftlichen Gründen unmöglich ist, wären wir nicht „hochwassersicher". Anlagen können versagen, weil sie unsachgemäß gebaut und gewartet werden, vor allem kann der größte Unsicherheitsfaktor, das menschliche Handeln im Hochwasserfall, nur sehr schwer abgeschätzt werden. Wenn aber keine absolute Sicherheit möglich ist, wie soll dann Hochwasserschutz geplant werden? Der neue Ansatz hierzu ist die Bewertung und Berücksichtigung des Restrisikos.

Restrisiko ist genau der Teil des Risikos, der beim bisherigen Ansatz nicht weiter betrachtet wurde. Ein Risiko ist das Produkt aus Schadenswahrscheinlichkeit und Schadenshöhe. Will man ein Risiko, das nicht tragbar erscheint, gezielt vermindern, so kann ein Bemessungshochwasser mit einer noch kleineren Wahrscheinlichkeit gewählt werden. Damit wird auch die Schadenswahrscheinlichkeit reduziert.

3.5 Gefahrenanalyse

Die Wahl des Bemessungshochwassers für eine bestimmte Struktur zum Hochwasserschutz richtet sich danach, welche Schäden bei noch höherem Hochwasser und dem folgenden Versagen der Struktur eintreten würden. So wird man einen Flussdeich, der Felder und Wiesen schützt, vielleicht auf eine Jährlichkeit von einigen Jahrzehnten auslegen, die Höhe und Festigkeit von Seedeichen oder die Standsicherheit von Talsperren hingegen auf 10.000 Jahre. Denn ihr Versagen hätte wahrhaft katastrophale Auswirkungen.

Risikomanagement

Das Restrisiko lässt sich aber auch auf andere Weise verringern, als nur das Bemessungshochwasser immer weiter in die Höhe zu schrauben, nämlich durch eine gezielte Reduzierung der potentiellen Schäden.

Bei einem derartigen risikoorientierten Hochwasserschutz gibt man nicht allein ein festes Ziel vor, z.B. Schutz vor einem Hochwasser mit der Jährlichkeit von 100 Jahren, sondern berücksichtigt auch die Folgen eines möglichen Versagens von Schutzeinrichtungen. Das kann bedeuten, dass bestimmte hochwassergefährdete Flächen von vornherein von Bebauung freigehalten werden, oder wenn Bebauung zugelassen wird, über die Risiken aufgeklärt wird und die Bebauung an die Hochwassergefährdung angepasst wird. Ebenso muss finanzielle Vorsorge durch Versicherungen getroffen werden und dafür gesorgt werden, dass für den Fall des Hochwassers Pläne für Warnung und Alarmierung vorliegen.

Diese Art von Risikomanagement erfordert jedoch ein Umdenken. Der Öffentlichkeit muss vermittelt werden, dass sich Hochwassergefahren nicht mit letzter Sicherheit beurteilen lassen. Trotz aller Vorkehrungen muss die Gesellschaft akzeptieren, dass auch die technische Zivilisation gegenüber Naturgefahren verletzlich bleibt. Ein absoluter Schutz ist schon aus wirtschaftlichen Gründen nicht möglich.

Die Hydrologie spielt bei der Beurteilung der Risiken und der Planung von Vorsorgemaßnahmen eine entscheidende Rolle. Deshalb sind die vor 200 Jahren begonnenen systematischen Erfassungen des Abflusses heute und in Zukunft die wichtigste Voraussetzung für den Schutz von Leben und Sicherung von Sachwerten vor Hochwassergefahren.

Abb. 3.5.9 Zeitgenössische Darstellung eines extremen Hochwassers aus dem 19. Jahrhundert

3.6 Ein Netz von Wasserstraßen

Seit Jahrtausenden werden Flüsse als Verkehrswege genutzt; denn auf dem Wasser war, zumindest wenn es stromab ging, weitaus leichter voranzukommen als über Land. Der Transport sehr schwerer Lasten über weite Strecken war anfangs sogar nur auf Wasserwegen möglich. So brachten die Römer Granitsäulen aus dem Odenwald über den Rhein und die Mosel nach Trier.

Mit den Flüssen war man allerdings an vorgegebene Verkehrswege gebunden und so kam der Gedanke auf, künstliche Wasserstraßen, also Kanäle, anzulegen, um Verbindungen zwischen Flüssen herzustellen. Dazu war allerdings stets ein gewisser Höhenunterschied zu überwinden. Diese Aufgabe wurde erstmals im chinesischen Kaiserreich durch eine ebenso einfache wie geniale Konstruktion gelöst, die Schleuse. Durch Heben und Senken des Wasserspiegels in der Schleusenkammer wird das Schiff jeweils auf das Niveau des angrenzenden Kanalabschnittes gebracht und kann seine Fahrt fortsetzen.

Früher Kanalbau

In Deutschland entstand der erste Kanal mit Schleusen in den Jahren 1391 bis 1398, als für den Salztransport von Lüneburg nach Lübeck zwischen Elbe und Trave die sogenannte „Stecknitzfahrt" angelegt wurde, benannt nach einem Zufluss zur Trave. Mit zehn Schleusen wurde ein Höhenunterschied von 18 m überwunden (Auf- und Abstieg). Der Kanal konnte von flachen Kähnen mit bis zu 7,5 t Transportlast befahren werden und war bis zum Bau des Elbe-Lübeck-Kanals 1898 in Betrieb. Zur Blütezeit des Salzhandels im 15. Jahrhundert wurden auf ihm jährlich 30.000 t Salz befördert.

Die Stecknitzfahrt blieb aber über die Jahrhunderte ein Unikat, erst im 17. Jahrhundert begannen die brandenburgischen Kurfürsten, Kanäle zwischen Oder, Spree und Havel anzulegen. In Schwung kam der Kanalbau im 19. Jahrhundert, als im Zuge der beginnenden Industrialisierung zunehmend Massengüter zu transportieren waren. Die Kanäle überbrückten aber allenfalls Entfernungen von einigen Dutzend Kilometern und waren für Schiffe mit Zuladungen von einigen hundert Tonnen ausgelegt. Aus dem Rahmen fiel der Ludwig-Kanal von der Donau zum Main. Er führte über 172 km von Kelheim nach Bamberg und überwand mit

Abb. 3.6.1 Schleuse St. Aldegund an der Mosel. Links im Bild ist das zugehörige Wasserkraftwerk zu erkennen.

3.6 Binnenschifffahrt

Abb. 3.6.2 Mündung der Nahe bei Bingen in den Rhein. Deutlich sichtbar sind die flussbaulichen Leit-Maßnahmen, die auch bei Niedrigwasser Schiffsverkehr ermöglichen.

Abb. 3.6.3 Das Mittelrheintal an der Loreley erfordert auch mit modernen Schubverbänden hohe Konzentration bei der Passage.

101 Schleusen einen Höhenunterschied von 264 m (80 m Aufstieg von der Donau, 184 m Abstieg zum Main). Der Kanal brachte aber keinen rechten Gewinn, weil die Schiffe nur 100 t befördern konnten und die Fahrt von Kelheim nach Bamberg volle sechs Tage dauerte. Anfang des 20. Jahrhunderts wurde der Betrieb eingestellt, lange Teilstrecken sind aber noch vorhanden.

Das Dampfschiff erscheint

In der Eisenbahn erwuchs der Binnenschifffahrt eine starke Konkurrenz. Doch da sich die Dampfmaschine nicht nur für den Antrieb von Lokomotiven sondern ebenso für Schiffe eignete, wurde auch der Verkehr auf dem Wasser revolutioniert und konnte der Eisenbahn Paroli bieten. Vor allem stromauf ging es nun wesentlich schneller voran. Als 1816 erstmals ein britisches Dampfschiff in Köln anlegte, war das Erstaunen groß, dass es für die Fahrt von Rotterdam, die normalerweise Wochen dauerte, nur viereinhalb Tage benö-

Abb. 3.6.4 Sandtransport auf dem Kanalsystem in Berlin

tigt hatte. Zunächst waren es schwerfällige Raddampfer, die den Fluss befuhren. Mit der Schiffsschraube, erfunden 1829 durch den Österreicher Josef Ressel, nahm die Überlegenheit der Dampfschifffahrt dann noch weiter zu. Gleichwohl dauerte es viele Jahrzehnte, bis der traditionelle Schiffsverkehr ganz verdrängt war. Die Flößerei, die seit Jahrhunderten den Hunger der großen Städte nach Bauholz und Brennmaterial gestillt hatte, erlebte sogar eine zweite Blüte. Noch Mitte des 19. Jahrhunderts schwammen riesige Flöße, bemannt mit dreihundert Ruderern, den Rhein hinab.

Freie Fahrt auf dem Rhein

Je mehr Verkehr, um so mehr Havarien. Ab 1851 kümmerte sich in Koblenz eine „Rheinstrom-Bauverwaltung" darum, den Fluss sicherer zu machen. So wurde nach und nach eine breitere Fahrrinne in das Binger Loch gesprengt. Ebenso wichtig für die Entfaltung der Rheinschifffahrt war aber auch die Beseitigung der Zollbarrieren. Seit alters her hatten zahlreiche Stationen den Verkehr gehemmt und die Waren verteuert. Der Wiener Kongress machte 1815 Schluss damit, indem er den Rhein und die anderen mitteleuropäischen Ströme zu frei befahrbaren Gewässern erklärte. Aber es dauerte noch bis 1868, ehe durch die „Rheinschifffahrtsakte" eine ungehinderte Fahrt zwischen Basel und der Nordsee sichergestellt war.

Auf Rhein und Elbe zog die Dampfschifffahrt immer mehr Verkehr auf sich, die Kanäle allerdings blieben davon ausgeschlossen; denn sie waren für Dampfschiffe zu eng. Die Frachtkähne wurden weiterhin getreidelt, d.h. von Pferden gezogen. Bis zum Aufkommen des Dampfschiffes war das auch auf den Flüssen so gut wie die einzige Möglichkeit gewesen, gegen den Strom voranzukommen.

Die große Zeit des Kanalbaus

Der Impuls zum Bau von Kanälen, die von Dampfschiffen befahren werden konnten, ging Ende des 19. Jahrhunderts vom Ruhrgebiet aus, das zur größten Industrieregion Europas herangewachsen war. Es entstand der Plan, mit einem „Mittellandkanal" quer durch Norddeutschland eine Verbindung vom Rhein zur Elbe und weiter zur Oder herzustellen. Seinen größten Unterstützer fand das Projekt im technikbegeisterten Kaiser Wilhelm II., der sich nach seiner Thronbesteigung 1888 mit Nachdruck für die Verwirklichung des Vorhabens einsetzte. Begonnen wurde mit dem Dortmund-Ems-Kanal (1892–1899), der eine Verbindung zum norddeutschen Flachland herstellte und gleichzeitig das Ruhrgebiet an

3.6 Binnenschifffahrt

Schiffe fahren Fahrstuhl

Geländestufen lassen sich nicht nur mittels Schleusen, sondern auch mit Schiffshebewerken überwinden. Dabei wird das Schiff in einem wassergefüllten Trog wie in einem riesigen Fahrstuhl befördert. Der Trog und die angrenzenden Kanalabschnitte haben jeweils Tore, die nach Andocken des Troges geöffnet werden. Dann kann das Schiff wie in eine Schleuse einfahren. Der Trog ist mit Gegengewichten ausbalanciert, so dass zum Heben und Senken kein großer Energieaufwand nötig ist. Durch das Schiff ändert sich das Gewicht des Troges nicht; denn beim Einfahren verdrängt es genau die Wassermenge, die seinem Gewicht entspricht.

Das erste deutsche Schiffshebewerk wurde schon 1899 am Dortmund-Ems-Kanal bei Henrichenburg gebaut. Es versah seinen Dienst bis zur Fertigstellung eines neuen Schiffshebewerkes 1962 und ist nun ein historisches Denkmal. Im Jahr 1934 ging in der Havel-Oder-Wasserstraße das Schiffshebewerk Niederfinow, das 36 m Höhe überbrückt, in Betrieb. Das 1975 fertiggestellte Schiffshebewerk Lüneburg/Scharnebeck im Elbe-Seitenkanal bewältigt noch zwei Meter mehr und kann in einem 100 m langen, 5.700 t schweren Trog 1.350-t-Schiffe aufnehmen. Damit ist die Entwicklung aber nicht zu Ende. In Niederfinow ist ein neues Schiffshebewerk mit einem Troggewicht von 9.000-t-Trog im Bau.

Abb. 3.6.5 Modell des alten und des neuen Schiffshebewerks bei Niederfinow

den deutschen Seehafen Emden anschloss. Danach wurden der Rhein-Herne- und der Wesel-Dattel-Kanal zum Rhein gebaut. Sie waren bereits für ein 1.350-t-Schiff bemessen, das spätere Europaschiff.

Um den eigentlichen Mittellandkanal, der bei Bergeshövede vom Dortmund-Ems-Kanal abzweigen sollte, entbrannte ein erbitterter politischer Streit; denn die ostelbischen Großgrundbesitzer befürchteten, dass sie durch den preiswerten Transport auf dem Kanal der Konkurrenz von billigem amerikanischen Getreide ausgesetzt werden könnten. Im preußischen Abgeordnetenhaus formierte sich eine Gruppe von „Kanalrebellen", der es zweimal gelang, Vorlagen für den Kanalbau abzulehnen. Erst als Wilhelm eingewilligt hatte, den Kanal nur bis Hannover zu führen, konnte 1906 mit dem Bau begonnen werden. In Meyers Konversationslexikon hieß es dazu: „Die Weiterführung der Linie von Hannover zur Elbe kann jedoch nur eine Frage der Zeit sein". Bedingt durch den I. Weltkrieg und weitere Probleme zog sich das aber bis 1938 hin, und die Elbequerung wurde erst nach der Deutschen Einheit 2003 mit dem Wasserstraßenkreuz Magdeburg vollendet.

In Österreich wurden Ende des 19. Jahrhunderts nicht minder große Pläne geschmiedet und Verbindungen von der Donau zu Oder, Elbe und Rhein ins Auge gefasst. Der Zerfall der Habsburger Monarchie nach dem I. Weltkrieg machte alle diese Pläne zunichte. Erst nach dem II. Weltkrieg wurde, sozusagen als Neuauflage des Ludwig-Kanals, der Main-Donau-Kanal gebaut. Er führt ebenfalls von Bamberg nach Kelheim, folgt allerdings über weite Strecken einer anderen Route und wurde 1992 fertiggestellt. Dank moderner großer Schleusen überwindet er den Höhenzug der Fränkischen Alb mit nur 16 Staustufen. Drei Schleusen haben eine Hubhöhe von 24,70 m. Der Kanal ist aber nicht nur eine Wasserstraße, sondern auch eine gigantische Wasserleitung. Über ihn werden, je nach verfügbarer Wassermenge im Donauraum, jährlich bis zu 125 Millionen m³ Donauwasser in den trockneren Norden Bayerns gepumpt. Zusätzlich werden von der Altmühl über den Brombach-Stausee 25 Millionen m³ umgeleitet.

Ein Transportnetz auf dem Wasser

Die klassifizierten, dem „allgemeinen Verkehr" dienenden deutschen Binnenwasserstraßen, haben eine Gesamtlänge von 7.300 km. Etwa 75% der Strecke entfallen auf freifließende und staugeregelte Flüsse und 25% auf Kanäle. Für die Ausdehnung der Binnenschifffahrt war die Stauregelung von Flüssen ebenso wichtig wie der Bau von Kanälen. Nur so konnten über Mosel und Saar das saarländische Industrierevier und über den Neckar der Großraum Stuttgart für große Binnenschiffe erreichbar gemacht sowie über den stauregelten Main der Rhein und die Donau effektiv verbunden werden. Zu den Staustufen mit Wehren und Schleusen gehören in der Regel auch Wasserkraftwerke, die zu sehr geringen Kosten schadstofffrei elektrischen Strom produzieren. Ohne die Staustufen für die Schifffahrt wären sie nicht entstanden.

Im Jahr 2007 betrug die beförderte Fracht in der deutschen Binnenschifffahrt 249 Mio. t und die Verkehrsleistung 64,7 Mrd. Tonnenkilometer (tkm) (1 tkm heißt, eine Tonne einen Kilometer weit zu befördern). Damit hat sie am gesamten inländischen Frachtverkehr einen Anteil von rund 10%; Straße und Bahn bewältigen 70% bzw. 17%, die restlichen 3% entfallen auf Pipelines. Der Löwenanteil der Transportleistung wird auf dem Rhein abgewickelt; er ist nicht nur die

Abb. 3.6.6 Wasserstraßenkreuz Magdeburg

3.6 Binnenschifffahrt

Abb. 3.6.7 Kabinenschiff bei der Ausfahrt aus der Schleuse Müden an der Mosel

wichtigste Wasserstraße Deutschlands, sondern ganz Europas. Der Strom von Gütern auf der Strecke von Rotterdam bis Mannheim/Ludwigshafen ist weitaus größer als auf jeder anderen Verkehrsachse in Europa, sei es Straße oder Schiene.

Im Gegensatz zum überlasteten Straßennetz sind auf den Wasserwegen noch erhebliche Transportreserven frei. Diese sollten genutzt werden; denn der Transport per Binnenschiff belastet die Umwelt am wenigsten. Ein Schiff gleitet leichter

Abb. 3.6.8 Ein Netz von Wasserstraßen verbindet in Europa die wirtschaftlichen Kernzonen. Die wasserwirtschaftliche Bewirtschaftung gewährleistet den Gütertransport. Nur bei extremen Niedrig- oder Hochwasserständen muss die Schifffahrt eingeschränkt werden.

4 Herausforderungen in der Hydrologie – was muss bewältigt werden?

Abb. 4.1.1 Planungen für Fernwasserprojekte in Baden-Württemberg seit 1909

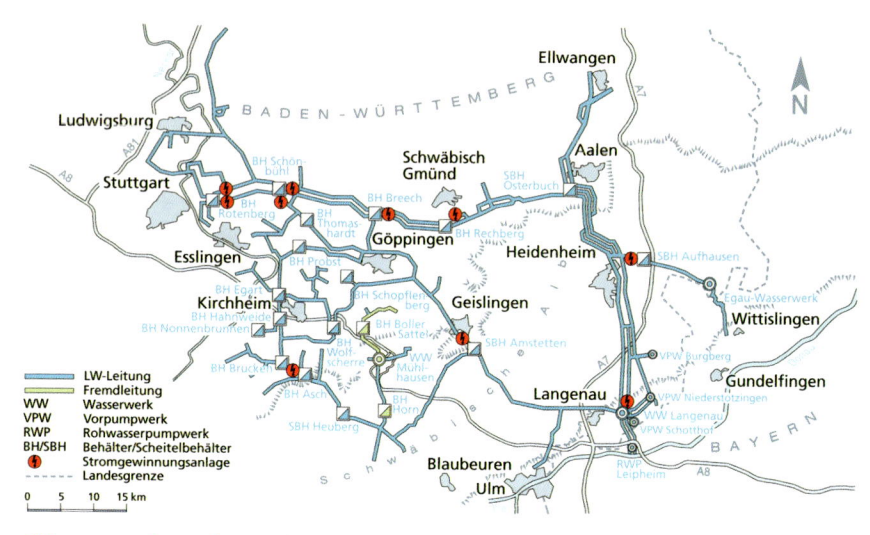

- **1909** Bauamt der städtischen Wasserwerke
- **1909** Prof. Dr. Lueger
- **1912** Landeswasserversorgung Ob. Baurat Dr. Groß
- **1934** AWWA Reg.-Bmstr. Deutelmoser
- **1948** Technische Werke der Stadt Stuttgart

Abb. 4.1.2 Anlagen der Landeswasserversorgung Baden-Württemberg

fläche der Alb 12 Jahre unterwegs ist, von einer sechs Meter dicken mit Lehm überdeckten Kiesschicht aufgenommen. Es kann somit sehr einfach durch zehn Meter tiefe Brunnen erschlossen werden. Der jährliche Zufluss beträgt durchschnittlich 87 Millionen m³.

Im Jahr 1912 wurde von Wilhelm II., „von Gottes Gnaden König von Württemberg", ein Namensvetter des deutschen Kaisers, die Gründungsurkunde für die Landeswasserversorgung unterzeichnet. Trotz des I. Weltkrieges nahm das Vorhaben seinen Lauf und ab dem Sommer 1917 floss aus Brunnen bei dem Ort Niederstotzingen ein Wasserstrom von 12 Millionen m³/a in den Neckarraum. Im Rückblick erschließt sich, dass damit ein Jahrhundertwerk vollbracht war.

4.1 Trinkwasser

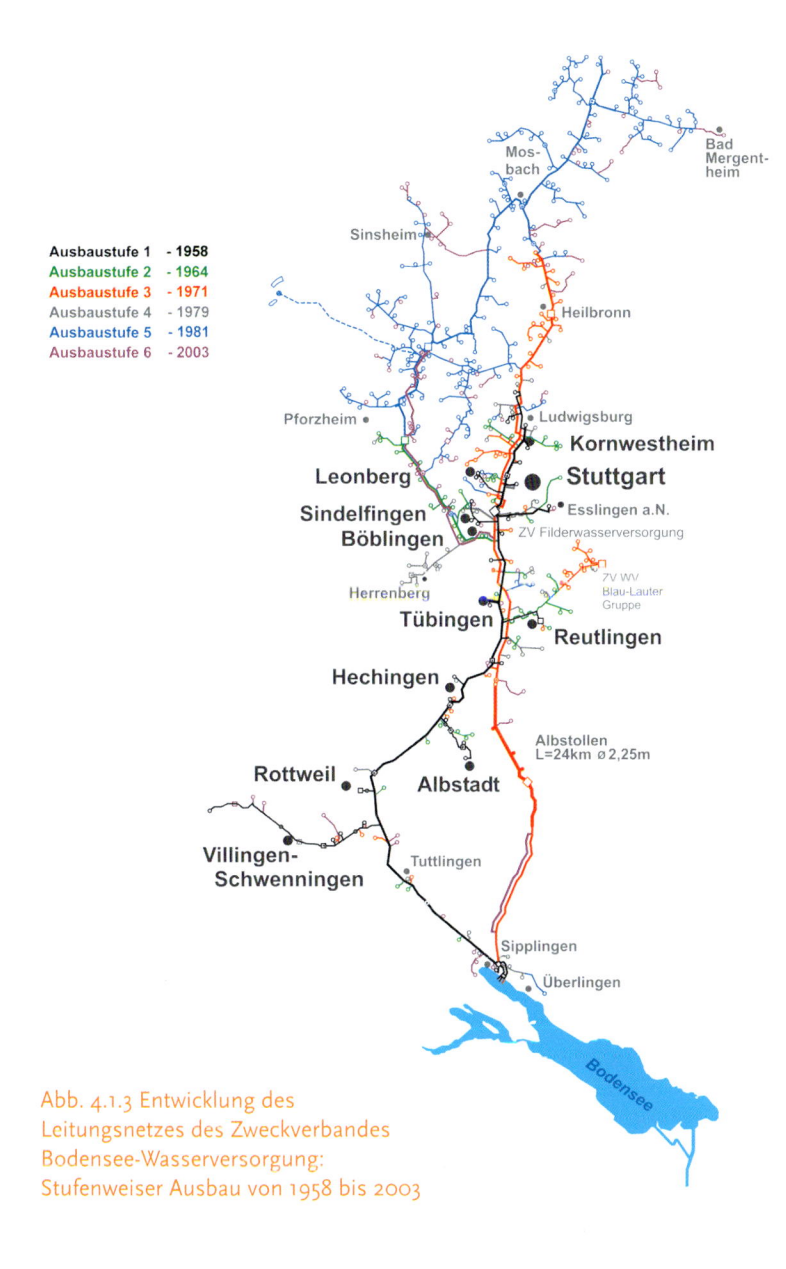

Ausbaustufe 1 - 1958
Ausbaustufe 2 - 1964
Ausbaustufe 3 - 1971
Ausbaustufe 4 - 1979
Ausbaustufe 5 - 1981
Ausbaustufe 6 - 2003

Abb. 4.1.3 Entwicklung des Leitungsnetzes des Zweckverbandes Bodensee-Wasserversorgung: Stufenweiser Ausbau von 1958 bis 2003

Da der Wasserverbrauch ständig zunahm, wurden bis 1955, verteilt über das Ried, insgesamt mehr als 220 Brunnen angelegt, aus denen im Jahresmittel schließlich 30 Millionen m³ Wasser gefördert wurden. Die mögliche Spitzenentnahme beträgt 52 Millionen m³ jährlich. Damit war aber eine Grenze erreicht. Eine noch höhere Entnahme bei einem jährlichen Zufluss von 87 Millionen m³ hätte den Grundwasserspiegel zu sehr abgesenkt und damit Natur und Landwirtschaft geschädigt.

Zum Glück konnte die Landeswasserversorgung auf ein Vorkommen zurückgreifen, das sie sich bereits lange vorher vorsorglich gesichert hatte. Im Jahr 1929 hatte sie vom Fürsten Thurn und Taxis eine ergiebige Karstquelle erworben, die

Abb. 4.1.4 Trinkwasserbehälter Amstetten der Landeswasserversorgung Baden-Württemberg

Buchbrunnenquelle östlich von Heidenheim, die das Flüsschen Egau speist. Sie wird seit 1957 genutzt und liefert bis zu 20 Millionen m³ Trinkwasser jährlich.

Noch mehr Wasser aus der Donau

Doch um 1965 zeichnete sich ab, dass auch beide Vorkommen zusammen den Bedarf nicht mehr decken konnten. Deshalb wurde beschlossen, auf die Donau zurückzugreifen. Das Flusswasser erfordert allerdings eine aufwändige Behandlung. Deshalb wurde sechs Kilometer nördlich von der Entnahmestelle bei Leipheim das Wasserwerk Langenau gebaut, in dem das Donauwasser in sechs Stufen zu Trinkwasser aufbereitet wird. Es fällt in etwa in gleicher Menge an wie das aus dem Ried kommende Wasser. Nach der Passage durch das Wasserwerk werden die beiden Wasserströme vermischt und über zwei Leitungen in Hochbehälter auf der Schwäbischen Alb gepumpt, von denen aus das Wasser der Schwerkraft folgend in die Abnahmegebiete fließt.

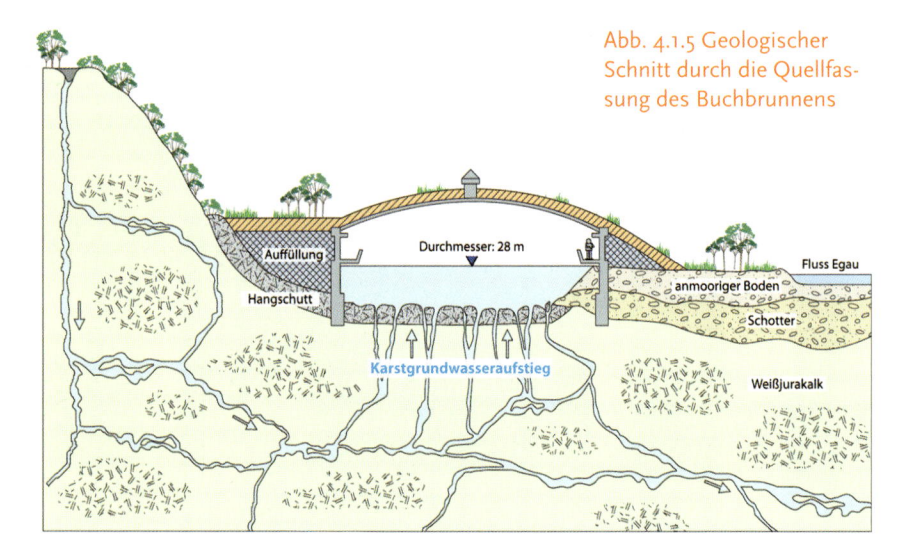

Insgesamt versorgt die Landeswasserversorgung, die 1965 in einen kommunalen Zweckverband umgewandelt wurde, heute drei Millionen Menschen in 250 Städten und Gemeinden über Leitungsnetze von insgesamt 790 Kilometer. Im Jahr 2008 belief sich die abgegebene Wassermenge auf 90 Millionen m³.

Die Landeswasserversorgung deckt aber nur das östliche Württemberg bis Stuttgart ab. So kam es in den sehr trockenen Jahren 1947 und 1949 westlich und südlich von Stuttgart zu einem regelrechten Wassernotstand. Die Technischen Werke Stuttgart griffen deshalb die Pläne für eine Wasserversorgung vom Bodensee wieder auf. Auf Drängen des Stuttgarter Oberbürgermeisters Arnulf Klett schlossen sich 1954 Stuttgart und weitere Kommunen zum Zweckverband Bodensee-Wasserversorgung (BWV) zusammen und Anfang 1956 wurde das damals größte Infrastrukturprojekt Europas in Angriff genommen. Insgesamt waren auf den verschiedenen Baustellen 3.000 Menschen beschäftigt. Die Arbeiten wurden mit Hochdruck vorangetrieben und nach nur zweieinhalb Jahren, im Oktober 1958, war das zweite Jahrhundertwerk für die Wasserversorgung Baden-Württembergs vollendet.

Das zweite Jahrhundertwerk

Die Wasserentnahme erfolgt im nördlichen Seitenarm des Bodensees, dem Überlinger See. Dazu wurden auf den Seegrund in 70 Meter Tiefe aus vorgefertigten Teilen drei

Abb. 4.1.5 Geologischer Schnitt durch die Quellfassung des Buchbrunnens

4.1 Trinkwasser

zehn Meter hohe Türme aufgestellt, die mit Kuppeln aus gelochten Stahlblechen versehen sind. Über sie wird das Wasser angesaugt und somit verhindert, dass grobe Verunreinigungen ins System gelangen. Vom Seeufer (396 m) wird das Wasser durch zwei stählerne Druckleitungen 310 Meter hinauf auf den Sipplinger Berg (706 m) zur Aufbereitungsanlage gepumpt. Nach dem Wasserwerk wird es durch eine Leitung von 1,6 Metern Durchmesser nochmals bis zu einem Behälter auf 753 Meter Höhe auf der Schwäbischen Alb bei Tuttlingen angehoben. Von diesem Scheitelpunkt fließt es dann dem natürlichen Gefälle folgend bis nach Bietigheim nördlich von Stuttgart.

Zehn Jahre nach der Inbetriebnahme machte die starke Nachfrage den Bau einer weiteren Leitung notwendig. Sie führt direkt nach Norden und durchsticht die Schwäbische Alb in einem 24 Kilometer langen Tunnel. Dessen Anlage mit einer Tunnelbohrmaschine in den Jahren 1968 bis 1971 stellte seinerzeit eine technische Pioniertat dar.

Sauberes Wasser auf Dauer

Mit dem Bodensee ist eine sehr gute ergiebige Wasserquelle erschlossen worden. Das in 60 Meter Tiefe entnommene fünf Grad kühle Wasser hat fast Trinkwasserqualität und muss daher nur wenig aufbereitet werden. Durch feinste Siebe werden Algen und Schwebstoffe entfernt sowie durch Zugabe von Ozon Mikroorganismen abgetötet. Auch die Nitratkonzentration ist sehr gering. Mit 4,5 Milligramm pro Liter liegt sie weit unter dem Grenzwert der Trinkwasserverordnung von 50 Milligramm pro Liter.

Abb. 4.1.6 Das Wasserwerk bei Langenau – Hauptförderwerk der Landeswasserversorgung Baden-Württemberg

Der jährliche Wasserentzug von 125 Millionen m³ ist für den Bodensee unerheblich, er macht gerade ein Prozent des jährlichen Zuflusses von 11,5 Milliarden m³ aus. Gleichwohl ist die Wasserentnahme, da der Bodensee ein internationales Gewässer ist, seit 1966 in einem Staatsvertrag zwischen Österreich, der Schweiz und Deutschland geregelt.

In mehreren Stufen hat die Bodensee-Wasserversorgung mittlerweile ihr Leitungsnetz bis auf 1.700 Kilometer aus-

Abb. 4.1.7 Das Rohwasserpumpwerk bei Leipheim an der Donau

gedehnt. Es reicht im Norden bis nach Tauberbischofsheim und Bad Mergentheim an der Grenze zu Bayern und liefert an vier Millionen Einwohner jährlich insgesamt 125 Millionen m³ Wasser. Einschließlich der drei Millionen Kunden der Landeswasserversorgung sind somit sieben Millionen Einwohner Baden-Württembergs an die Fernwasserversorgung angeschlossen, das sind 65 % der Gesamtbevölkerung von 10,75 Millionen. Sie werden aber nicht nur mit Fernwasser versorgt; denn in die öffentliche Versorgung werden auch noch zahlreiche lokale Wasservorkommen eingespeist. Stuttgart allerdings wird ausschließlich mit Fernwasser versorgt, das jeweils zur Hälfte aus dem Bodensee und aus dem Donautal stammt. Zum gesamten Trinkwasserbedarf Baden-Württembergs in Höhe von 700 Millionen m³/a steuern Bodensee-Wasserversorgung und Landeswasserversorgung zusammen 225 Millionen m³ bei.

Da der Wasserverbrauch seit einigen Jahren eher rückläufig ist, darf mit dem jetzigen System die Wasserversorgung langfristig als gesichert gelten. Voraussetzung dafür ist allerdings, dass die Qualität der Wasservorkommen keinen Schaden nimmt. Im Fall der Landeswasserversorgung sind dazu auf der Schwäbischen Alb zwei große Wasserschutzgebiete von insgesamt 800 km² ausgewiesen worden. Auch am Bodensee besteht ein Wasserschutzgebiet, das bundesweit als einmalig gilt, da es sich insbesondere seeseitig erstreckt. Zudem sorgen grenzüberschreitende Abkommen für die Reinhaltung des Sees.

4.2 Wasser als limitierender Entwicklungsfaktor

Die ausreichende Verfügbarkeit von Wasser und der ungehinderte Zugang zu dessen Nutzung ist überall, wo Menschen siedeln und wirtschaften Grundvoraussetzung für die kulturelle und ökonomische Entwicklung. Dass die erforderliche Wassermenge nicht lediglich als eine Funktion der Bevölkerungsentwicklung ausgedrückt werden kann, zeigt ein Rückblick auf das 20. Jahrhundert. Einer Zunahme der Weltbevölkerung zwischen 1900 und 2000 um den Faktor 3,6 (von ca. 1,7 auf ca. 6,1 Milliarden Menschen) steht eine Verfünffachung bis Versechsfachung der Wasserentnahmemengen im gleichen Zeitraum gegenüber. Zunehmender Wohlstand führt

4.2 Globale Entwicklung

zu einem überproportionalen Anstieg im Wasserverbrauch, bis schließlich – auf meist hohem Niveau – ein Zustand erreicht wird, der die Bedürfnisse für Wasser im privaten Bereich, für die verarbeitende Industrie, die Elektrizitätserzeugung und die Landwirtschaft befriedigt. Entwicklungstendenzen in den gut mit Wasser versorgten Industrieländern zeigen, dass danach oft eine leichte Abnahme der genutzten Wassermengen zu verzeichnen ist, meist als Folge aus Effizienzsteigerungen bei der Wassernutzung und Bewußtseinsänderungen im privaten Sektor. Von diesem Zustand sind jedoch die meisten Länder der Erde noch weit entfernt.

Abb. 4.2.1 Ausgetrocknete Pegelstelle in der Negev (Israel). Oft vergehen Jahre bis sich Oberflächenabfluss bildet, der dann häufig als kurzes Hochwasserereignis auftritt.

Global gesehen führen zum Teil sehr unterschiedliche klimatische Randbedingungen (Wassergehalt der Atmosphäre, Niederschlag, Strahlungshaushalt, Verdunstung), aber auch physiographische Aspekte (Topographie, Geologie, Böden, Vegetation) zu einer sehr ungleichen Verteilung der nutzbaren Wasservorräte. Zu der häufigen Knappheit der Ressource gesellt sich oft die zeitlich hohe Variabilität der Wasserverfügbarkeit, die eine verlässliche Nutzung von Oberflächenwasser äußerst erschwert oder gar unmöglich macht, vor allem in den Trockengebieten der Erde. Es ist jedoch in der Regel nicht die physikalische Verfügbarkeit von Wasser, die gesellschaftlichen Entwicklungen entgegensteht, sondern die ungleiche Verteilung des nutzbaren Wassers auf unterschiedliche Nutzergruppen oder Nutzungssektoren. Dazu kommen gesellschaftliche Anforderungen und damit meist komplexe Mechanismen, in denen die Zugangsrechte zu Wasser geregelt werden, häufig unter Ausschluss von Teilen der Gesellschaft oder bei grenzüberschreitenden Gewässern von Nachbarstaaten.

Diese Marginalisierung einzelner Gruppen verursacht unausweichlich Konflikte um das Wasser. Auf der zwischenstaatlichen Ebene führen historisch bedingte Disharmonien oder Interessensheterogenitäten zwischen den Konfliktparteien dazu, dass der Streit um Wasser häufig nur in langwierigen Prozessen und unter internationaler Vermittlung zu lösen ist. Eine rasche Beilegung des Konflikts um Wasser ist vor allem dann unwahrscheinlich, wenn die Wasserressourcen allgemein knapp sind, also in den Trockengebieten der Erde. Erschwerend kommt hinzu, dass kein international verbindliches System zur Lösung von Wasserstreitigkeiten vorliegt

Abb. 4.2.2 Der tägliche Bedarf an Trinkwasser muss in vielen Regionen der Erde noch durch aufwändige Fußmärsche gedeckt werden. Am Rande städtischer Siedlungen der Mongolei wurden sogenannte Wasserkioske erstellt, an denen die Bevölkerung, meist Kinder, das Trinkwasser in Kanistern abholt und dafür einen höheren Abnahmepreis entrichten muss als Großabnehmer, wie z.B. Industriebetriebe.

bzw. kaum Sanktionsmöglichkeiten bestehen. Die meisten der großen Flussgebiete der Erde werden von Staatsgrenzen gequert, die bilaterale, häufig jedoch auch multilaterale Einigungen um die Wassernutzung erfordern. Häufig gilt jedoch das Prinzip der „absoluten Souveränität", d.h. jene Staaten, auf deren Territorium ein Fluss entspringt oder bedeutende Wasservorkommen bestehen, leiten daraus ihr alleiniges oder überwiegendes Nutzungsrecht ab. Beispiele hierfür finden sich im Nahen Osten: So kontrolliert Israel die Zuflüsse des Jordans (mit Ausnahme des Yarmuk) oder hält die Türkei Wasser von Euphrat und Tigris für eigene, ehrgeizige Entwicklungsprojekte in Südostanatolien zurück. Demgegenüber fordern die Anrainer- bzw. Unterliegerstaaten wie Jordanien, die Palästinensergebiete, Syrien oder der Irak das Recht auf angemessene Weitergabe bzw. nachbarschaftliche Nutzung der knappen Wassermengen.

Aber auch die Verteilung des Wassers auf die unterschiedlichen Wassernutzungssektoren (Haushalte, Industrie, Landwirtschaft) ist höchst ungleich. Auf globaler Ebene dominiert die Landwirtschaft, die etwa 70 % des vom Menschen entnommenen Wassers vor allem für die Bewässerung nutzt. Heute beträgt der bewässerte Anteil der weltweiten landwirtschaftlichen Anbaufläche etwa 40 %, davon befinden sich wiederum etwa 40 % in den trockenen, semi-ariden und ariden Regionen der Erde. Beliefen sich die bewässerten Flächen um das Jahr 1900 noch auf ca. 50 Mio. ha, so haben sie sich bis heute etwa versechsfacht (ca. 300 Mio. ha), wobei eine deutliche Ausweitung der Bewässerungslandwirtschaft im Rahmen der „Grünen Revolution" ab den 1960er Jahren einsetzte, insbesondere durch Großprojekte in den Entwicklungsländern. Schwerpunkt des Bewässerungsfeldbaus sind heute zentralasiatische Länder wie z.B. Usbekistan, Süd- und

4.2 Globale Entwicklung

Südostasien oder China mit einem Anteil von ca. 64 % an der weltweiten Bewässerungsfläche, mit Abstand gefolgt von Nordamerika, hier sind es lediglich 9 %. Durch diese Maßnahmen ließen sich ohne Zweifel enorme Erfolge in der Nahrungsmittelproduktion, der Ernährungssicherung und folglich der sozio-ökonomischen Entwicklung vieler Länder erzielen. Bewässerungsflächen sollen daher noch weiter ausgedehnt werden. Ein Beispiel ist die geplante Anzapfung von Flüssen im Norden der Mongolei und die Überleitung des Wassers in die Steppenwüste Gobi.

Schon seit vielen Jahren zeigen sich jedoch die Schattenseiten vieler Bewässerungsprojekte. Häufig werden aus Prestigegründen und machtstrategischen Erwägungen Bewässerungsprojekte nicht zuletzt durch die internationale Entwicklungshilfe finanziert, deren volkswirtschaftlicher Nutzen fraglich ist. So ist beispielsweise der Beitrag der industriellen Produktion an der Wirtschafsleistung Jordaniens bedeutend höher als derjenige der Bewässerungslandwirtschaft. Dennoch wird diese trotz erheblichen Wassermangels hoch subventioniert, während die städtische Bevölkerung einen immer höheren Wasserpreis bei zunehmender Verknappung entrichten muss.

Durch zentral geplante Großprojekte und die Übernutzung von für die Landwirtschaft eher ungeeigneten Flächen entstanden zum Teil irreversible Umweltschäden, die negativen Einfluss auf die ökonomische Situation der betroffenen Länder hatten. Die in diesem Zusammenhang häufig genannte Verwüstung der Aralsee-Region wirkt sich auch auf die gesundheitliche Situation der dort lebenden Menschen aus. Etwa 10 % der bewässerten Flächen der Erde sind heute durch Bodendegradation, d.h. Bodenverarmung, Erosion, Veränderungen im Bodenwasserhaushalt oder Versalzung beeinträchtigt. Diese Prozesse treten mehrheitlich in den Trockenräumen der Erde und damit insbesondere in den Entwicklungsländern auf; oft wird die Versteppung ganzer Landstriche fälschlicherweise als Folge klimatischer Entwicklungen interpretiert. Hinzu kommt, dass die Effizienz der landwirtschaftlichen Bewässerung heute nach wie vor zum Teil deutlich von einem Optimum entfernt ist. Durch die Speicherung und den Transport des Wassers von der Entnahmestelle bis zum Feld gehen in Stauseen und undichten Kanälen große Wassermengen verloren, und die eingesetzte Bewässerungstechnik entscheidet, wie viel Wasser tatsächlich von den Pflanzen genutzt bzw. wie viel kontaminiertes Überschusswasser dem Kreislauf zurückgegeben wird. Einer

Abb. 4.2.3 Traditionelle Form des Wasserrückhaltes: Querbauwerke in einem Erosionsgraben, um möglichst viel Niederschlagswasser zur Versickerung zu bringen

4 Herausforderungen in der Hydrologie – was muss bewältigt werden?

Abb. 4.2.4 Sogenanntes Rain Water Harvesting in Äthiopien. Am Fuße eines Hügels wurden an geeigneten Stellen reihenweise Gruben von den ortsansässigen Bauern entlang der Höhenlinien im Abstand von 1 m in einer Größe von 3 x 1 x 1 m ausgehoben. Niederschlagswasser und Oberflächenwasser werden damit gesammelt und infiltriert. Das in den Gruben gesammelte Wasser versickert in sandigen Böden innerhalb eines Tages. Der Grundwasserspiegel konnte so deutlich angehoben werden, die Quellschüttungen nahmen zu.

weiteren Ausdehnung der Bewässerungsflächen werden in Zukunft aber auch die zunehmend geringer werdende Verfügbarkeit kultivierbarer Flächen und der Wassermangel entgegenstehen.

Im Gegensatz zur Bewässerungslandwirtschaft stehen der Nutzung von Trinkwasser für den persönlichen Bedarf und zur Befriedigung der elementarsten Bedürfnisse nach ausreichender Hygiene in vielen Ländern der Erde nach wie vor infrastrukturelle und monetäre Barrieren entgegen. So sind in den Industriestaaten mehr als 90 % aller Haushalte an zentrale Wasserverteilungs- und Entsorgungssysteme angeschlossen, wohingegen sich dieser Wert für z.B. städtische Haushalte in Afrika auf 60 % beläuft. In vielen ländlichen Gegenden von Entwicklungs- und Schwellenländern besteht nach wie vor keine zentrale Wasserversorgung. Auch wenn Probleme und Hemmnisse bei der Wasserversorgung der Bevölkerung vergleichbare Ursachen haben, müssen Lösungsansätze zur Überwindung von Engpässen den jeweiligen naturräumlichen und sozio-politischen Gegebenheiten angepasst werden. Wenig zielführend sind in diesem Zusammenhang Maßnahmen, die sich nach der technischen Machbarkeit im Sinne der Bereitstellung möglichst hoher Wassermengen richten und häufig als kostspielige, wenig nachhaltige Großprojekte enden. Kritisch zu bewerten ist in diesem Zusammenhang auch das Verfahren der Meerwasserentsalzung, das z.B. in einigen erdölfördernden Golfstaaten schon seit vielen Jahren in großem Stil betrieben wird. Neben dem hohen Energieaufwand und laufend anfallenden Wartungskosten sind hier auch direkte ökologische Schäden zu nennen, die sich aus der Rückführung hoch salzhaltiger

4.2 Globale Entwicklung

und mit Schwermetallen belasteter Prozesswässer in die Küstenregionen ergeben. Eine Versorgung der wasserarmen, von den Küsten weit entfernten Regionen der Erde mit entsalztem Meerwasser wird ohnehin nicht möglich sein.

Rein ökonomisch basierte Erwägungen zielen häufig auf eine Privatisierung der Wasserversorgung ab. Beispiele aus Industriestaaten und Entwicklungsländern deuten darauf hin, dass diese Option keinesfalls zum Regelfall werden sollte, da sonst die Erreichbarkeit von sauberem Trinkwasser für Armutsgruppen erneut bzw. nach wie vor durch monetäre Barrieren versperrt ist.

In vielen Trockenregionen der Erde werden traditionelle, seit mehreren Generationen überlieferte Formen des Wasserrückhalts in der Fläche zur Verbesserung der Versorgungs-

Abb. 4.2.6 Vom Menschen verschmutzte Gewässer führen zu einer Reduzierung des Wasserdargebots.

Abb. 4.2.5 Kleiner Bewässerungskanal in Nord-Äthiopien

situation reaktiviert. Dazu zählt z.B. die Anlage sogenannter Mikroeinzugsgebiete, also vieler kleiner Rückhalteflächen in der Landschaft, in denen sich das Niederschlagswasser sammelt und für die pflanzliche Produktion genutzt werden kann. Auch das Auffangen von Niederschlagswasser von versiegelten Flächen und Dächern sowie die gesteuerte Anreicherung des Grundwassers während periodisch oder episodisch auftretender Hochwässer gehören zu diesen dezentralen Maßnahmen, die mit vergleichsweise geringem finanziellen Aufwand durchgeführt werden können. Es ist jedoch fraglich, ob diese traditionellen Verfahren den Wasserbedarf einer anwachsenden Bevölkerung decken können, was im jeweiligen Einzelfall geprüft werden sollte.

Erfolgversprechender sind Kombinationen zwischen solch dezentralen Ansätzen mit Verfahren, die sich mit einem geringen technischen Aufwand realisieren lassen. So wird in Trockengebieten die Wiedernutzung gereinigten Abwassers für die Bewässerungslandwirtschaft erfolgreich betrieben. Dies macht jedoch nur Sinn, wenn gleichzeitig die Wassernutzungseffizienz in der Landwirtschaft erhöht wird, z.B. durch eine Verringerung der Leitungsverluste oder durch optimierte Bewässerungstechniken.

Als Grundlage aller Bemühungen, regionale Wasserprobleme zu lösen, muss sich aber letztendlich die Erkenntnis durchsetzen, dass ein rigoroses Bedarfsmanagement erforderlich ist, bei dem eine volkswirtschaftlich sinnvolle Verteilung des Wassers im Mittelpunkt steht. Das Prinzip des Integrierten Wasserressourcenmanagements (IWRM) verfolgt das Ziel, eine angemessene Verteilung von Wasser unter Berücksichtigung der Bedürfnisse aller Nutzungsinteressen zu garantieren, die Qualität von Grund- und Oberflächenwasser zu erhöhen und damit auch den Zustand aquatischer Ökosysteme zu verbessern. Die Zukunft wird zeigen, ob angesichts weiter steigender Weltbevölkerungszahlen und des Wasserbedarfs eine Lösung des Wasserproblems nach den IWRM-Prinzipien gelingen wird.

4.3 Woher stammt das Wasser, das in unseren Lebensmitteln steckt?

In den vergangenen Jahren nahm der Wasserverbrauch in deutschen Haushalten von 140 l pro Kopf und Tag (1980) auf 127 l (2009) ab. Auch im industriellen Sektor wurde weniger Wasser verbraucht. Diese Wassermenge pro Tag stellt jedoch nur einen geringen Teil des täglichen Bedarfs dar. Wesentlich größere Anteile sind in Lebensmitteln, Kleidung oder anderen Produkten in Form von so genanntem virtuellem Wasser versteckt. In Kombination mit der Information über die Herkunft dieses Wassers und der Wirkungen seiner Entnahme oder des Verbrauchs spricht man vereinfacht vom Wasserfußabdruck. Der WWF hat in einer Studie den Wasser-Fußabdruck Deutschlands berechnet. Im Fokus standen dabei die importierten landwirtschaftlichen Güter mit ihrem virtuellen Wassergehalt und die damit verbundenen möglichen Auswirkungen.

Die methodische Grundlage liefert das Konzept des virtuellen Wassers von John Anthony Allan. Der Wasser-Fußabdruck ist eine Weiterentwicklung des virtuellen Wasser-Konzeptes durch den Wissenschaftler Arjen Y. Hoekstra. Er stellt einen Indikator dar, der sowohl den direkten als auch den indirekten Wasserverbrauch eines Konsumenten oder Produzenten berücksichtigt und Auskunft darüber gibt, wie viel Wasser

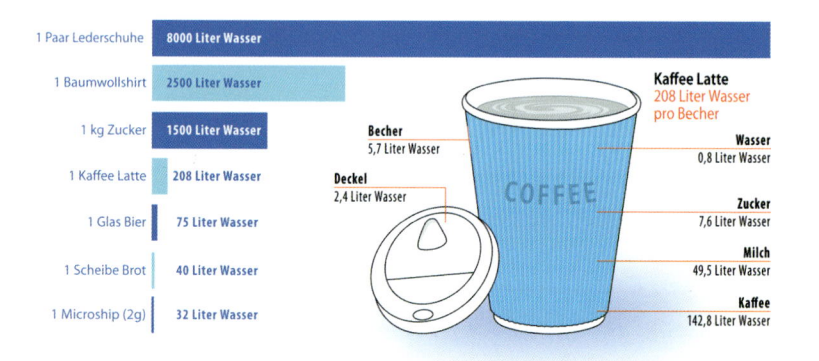

1 Paar Lederschuhe	8000 Liter Wasser
1 Baumwollshirt	2500 Liter Wasser
1 kg Zucker	1500 Liter Wasser
1 Kaffee Latte	208 Liter Wasser
1 Glas Bier	75 Liter Wasser
1 Scheibe Brot	40 Liter Wasser
1 Microship (2g)	32 Liter Wasser

Kaffee Latte — 208 Liter Wasser pro Becher
Becher — 5,7 Liter Wasser
Deckel — 2,4 Liter Wasser
Wasser — 0,8 Liter Wasser
Zucker — 7,6 Liter Wasser
Milch — 49,5 Liter Wasser
Kaffee — 142,8 Liter Wasser

Abb. 4.3.1 Virtuelles Wasser ist diejenige Menge an Wasser, die für die Produktion von Nahrungsmitteln, Industrie- und Konsumgütern benötigt wird, dargestellt an Produkten für das tägliche Leben.

4.3 Virtuelles Wasser

und wo durch die Nutzung eines Produktes oder einer Dienstleistung verbraucht wird.

Die für die Berechnung des Wasser-Fußabdrucks für Deutschland notwendigen Daten basieren auf den internationalen Handelsdaten PC-TAS[1] des International Trade Centers aus dem Jahr 2004–2006. Anhand dieser wurden die Wassermengen errechnet, die durch die nach Deutschland eingeführten landwirtschaftlichen Produkte verbraucht wurden. Insgesamt wurden 503 Kulturpflanzen und 141 tierische Produkte berücksichtigt.

Aus dem direkten Wasserverbrauch in Haushalten und den bei der Herstellung von Waren indirekt genutzten Wassermengen des eigenen Landes ergibt sich der interne Wasser-Fußabdruck. Die in anderen Ländern zur Produktion von Gütern eingesetzten Wassermengen, die durch Exporte nach Deutschland gelangen, werden als externer Wasser-Fußabdruck bezeichnet.

Die Summe der innerhalb Deutschlands erzeugten und konsumierten Produkte sowie derjenigen, die aus anderen Ländern importiert werden, ergibt den Landwirtschaftlichen Wasser-Fußabdruck Deutschlands. Zusammen mit dem Haushalts-, Gewerbe- und Industrieverbrauch ergibt sich daraus der Gesamt-Wasser-Fußabdruck Deutschlands in Höhe von 159,5 km³ Wasser pro Jahr. Bei der aktuellen Bevölkerung von 82,2 Millionen Einwohnern verbraucht damit jeder Bürger täglich 5.288 Liter Wasser. Der Großteil dieser

---

1 Personal Computer Trade Analysis System

Tabelle 1: Gesamter Wasser-Fußabdruck Deutschlands

	Intern	Extern	Gesamt (km³/Jahr)	Anteil (in %)
Landwirtschaft	55,7	61,9	117,6	73,7 %
Industrielle Produkte	18,84	17,56	36,4	22,8 %
Haushalt	5,5	–	5,5	3,4 %
Gesamt (km³/Jahr)	80,0	79,5	159,5	100 %

Wassermenge steckt in den konsumierten Lebensmitteln oder Produkten, etwa die Hälfte davon in importierten Produkten oder Nahrungsmitteln. Die importierten Güter mit dem höchsten Wasser-Fußabdruck sind in abnehmender Reihenfolge Kaffee, Kakao, Ölsaat, Baumwolle, Schweinefleisch, Sojabohnen, Rindfleisch, Milch, Nüsse und Sonnenblumen. Dabei entsteht der größte Wasser-Fußabdruck Deutschlands in Brasilien, der Elfenbeinküste, in Frankreich, den Niederlanden, den USA, in Indonesien, Ghana, Indien, der Türkei und Dänemark, ebenfalls in abnehmender Reihenfolge.

Zur Bewertung der berechneten Zahlen bedarf es der Betrachtung weiterer Schlüsselfaktoren, v.a. der klimatischen und biogeographischen Einordnung des Produktionsgebietes, der Produktionstechnologien, der derzeitigen Nutzung durch die Bevölkerung, der zukünftigen Wasserverteilung und der Bezugnahme auf die Wasserverfügbarkeit aus Grund- und Oberflächenwasser im jeweiligen Einzugsgebiet.

Mögliche Auswirkungen intensiver Inanspruchnahme der natürlichen Wasserressourcen beziehen sich derzeit vor allem auf die Grund- und Oberflächenwasserströme, maßgeblich in der sich immer stärker ausbreitenden Bewässerungslandwirtschaft und den damit einhergehenden stofflichen Einträgen. Negative Konsequenzen für die natürlichen Ökosysteme haben zudem eine hohe soziale und wirtschaftliche Folgewirkung wie z.B. Migration. Das wasserreiche Land Brasilien kann hier als Beispiel für Wasserverschmutzung genannt werden oder Indien in Bezug auf den durch intensiv bewässerten Baumwollanbau geprägten Agrarsektor. Kenia steht zudem für eine besonders enge Verknüpfung zwischen hohem Bevölkerungswachstum und der sich intensivierenden Landwirtschaft zulasten natürlicher Ökosysteme. Trotz ähnlicher Bedingungen in Spanien und der Türkei, einschließlich der hohen unkontrollierten Wasserentnahmen, unterscheidet sich Spanien mit moderner Bewässerungstechnologie gravierend von der Türkei mit derzeit über 90% Flutbewässerung.

Um die Beeinträchtigungen des externen Wasser-Fußabdruck Deutschlands abzuschätzen, wurden die exportierenden Länder weiter analysiert. Negative Auswirkungen auf die Wasserressourcen wurden als „Wasserstress" definiert und durch einen Wasserstressindikator berechnet. Der höchste Wasserstress entsteht aufgrund hoher Wasserentnahmen pro Flächeneinheit. Zu Ländern dieser Kategorie zählen beispielsweise Kenia, Indien, Spanien und Türkei.

Der deutsche externe Wasser-Fußabdruck ist sowohl in absoluten Zahlen als auch relativ gesehen ziemlich hoch. Bei der Verteilung der Wasserressourcen für Landwirtschaft und Industrie, speziell des Grund- und Oberflächenwassers, muss sicher gestellt werden, dass in Flüssen, Grundwasservorkommen und Feuchtgebieten der produzierenden Regionen der Welt Wasser in ausreichender Quantität und Qualität zur Erhaltung der Ökosystemfunktionen und Dienstleistungen zur Verfügung steht.

Virtueller Wasserhandel
Das globale Volumen des virtuellen Wasseraustausches durch den Handel von Gütern beträgt 1.625 Milliarden m³ pro Jahr. Das sind etwa 40 % des gesamten Wasserverbrauchs. Etwa 80 % dieses virtuellen Wasserflusses werden dem landwirtschaftlichen Güteraustausch zugeordnet, der verbleibende Rest den industriell hergestellten Produkten.
Der virtuelle Wasserhandel kann weltweit zu Wassereinsparungen beitragen, wenn der Warenfluss von Ländern mit hoher Wasserproduktivität in Länder mit geringer Wasserproduktivität abläuft. Mexiko z.B. importiert Weizen, Mais und Hirse aus den USA. Dafür werden in den USA 7,1 Milliarden m³ Wasser jährlich für die Produktion benötigt. Wenn Mexiko selbst diese importierten Produkte herstellen würde, wären dazu 15,6 Milliarden m³ Wasser pro Jahr erforderlich. Global gesehen lassen sich so durch diesen Getreidehandel 8,5 Milliarden m³ Wasser pro Jahr einsparen.
Abgesehen von dem Handel aus Ländern mit geringer Wasserproduktivität in Länder hoher Wasserproduktivität werden weltweit durch den internationalen Handel landwirtschaftlicher Produkte schätzungsweise 350 Milliarden m³ Wasser pro Jahr eingespart. Dies entspricht 6 % des globalen landwirtschaftlichen Wasserbedarfs.

4.4 Wasser und Nahrungsmittel

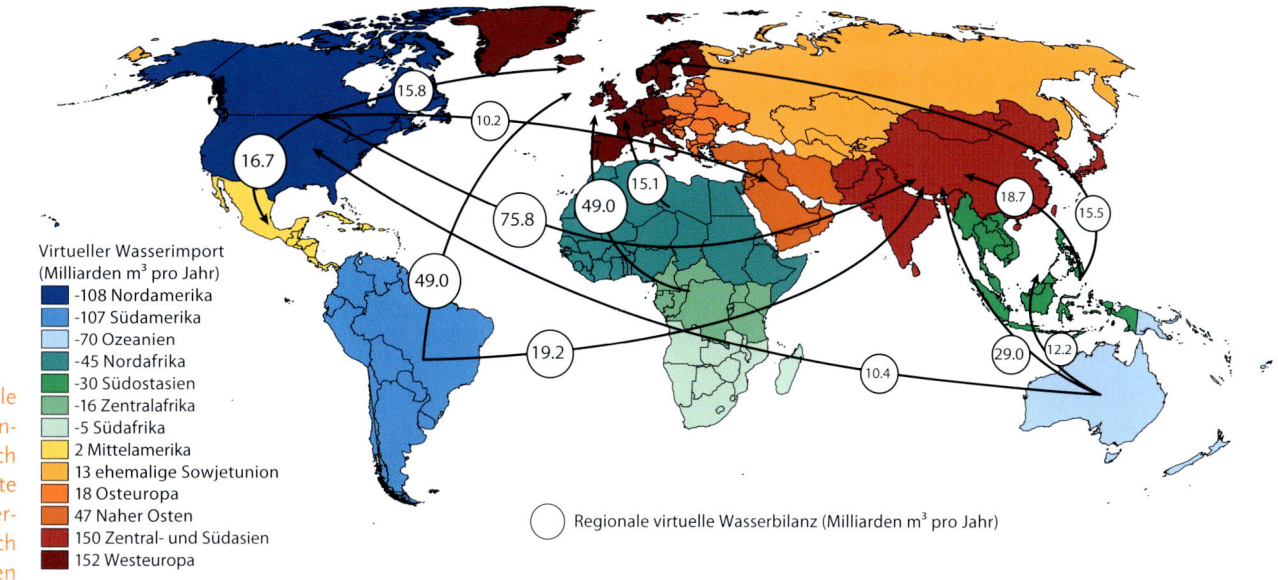

Abb. 4.3.2 Regionale virtuelle Wasserbilanzen und netto interregionaler Wasserfluss durch landwirtschaftliche Produkte (1997–2001). Die Wassersicherheit mancher Länder ist danach in hohem Maße von externen Wasserressourcen abhängig.

Virtueller Wasserimport (Milliarden m³ pro Jahr)
- −108 Nordamerika
- −107 Südamerika
- −70 Ozeanien
- −45 Nordafrika
- −30 Südostasien
- −16 Zentralafrika
- −5 Südafrika
- 2 Mittelamerika
- 13 ehemalige Sowjetunion
- 18 Osteuropa
- 47 Naher Osten
- 150 Zentral- und Südasien
- 152 Westeuropa

○ Regionale virtuelle Wasserbilanz (Milliarden m³ pro Jahr)

Hoekstra and Chapagain 2008 (verändert)

4.4 Gefährdet Wasserknappheit die Ernährungssicherheit?

Der Mensch braucht Wasser nicht nur zum Trinken und Waschen, sondern vor allem auch um satt zu werden. Zum Trinken reichen pro Person ca. 3–5 Liter pro Tag, für die übrigen Haushaltsbedürfnisse ca. 30–50 Liter, für die Produktion der Nahrung werden jedoch von jedem täglich ca. 3.000–5.000 Liter Wasser benötigt. Üblicherweise heißt es, dass die Landwirtschaft für 70 % der Wassernutzung verantwortlich ist. Diese Angabe verdient also eine genauere Betrachtung.

Zunächst wird mit den 70 % nur der Anteil für die Nahrungsmittelproduktion an den gesamten Wasserentnahmen aus Flüssen, Seen und Grundwasser, also nur das genutzte so genannte blaue Wasser, beschrieben. Tatsächlich entfallen aber nur ca. 20 % des Wasserbedarfs für die Nahrungsmittelproduktion auf blaues Wasser. Überwiegend wird unsere Nahrung mit grünem Wasser, das direkt über den Regen in den Boden gelangt, produziert. Anders als bei anderen Nutzungen blauen Wassers z.B. für die städtische Wasserversorgung oder Industrie, verdunstet ein sehr großer Teil des in der Landwirtschaft eingesetzten Wassers. Diese Verdunstung dient entweder der Produktion von Biomasse (Transpiration) oder erfolgt „unproduktiv" direkt aus dem Boden oder von der Vegetati-

4 Herausforderungen in der Hydrologie – was muss bewältigt werden?

onsoberfläche (Evapotranspiration). Das zur Bewässerung entnommene und so verdunstete Wasser steht letztlich im Flusseinzugsgebiet nicht mehr zur Verfügung, daher spricht man von Wasserverbrauch. Endgültig verloren ist dieses Wasser jedoch nicht, es kehrt anderswo als Niederschlag wieder zur Erde zurück. Die Landwirtschaft hat entsprechend einen höheren Anteil am globalen Wasserverbrauch (85 %) als an der globalen Wasserentnahme (70 %).

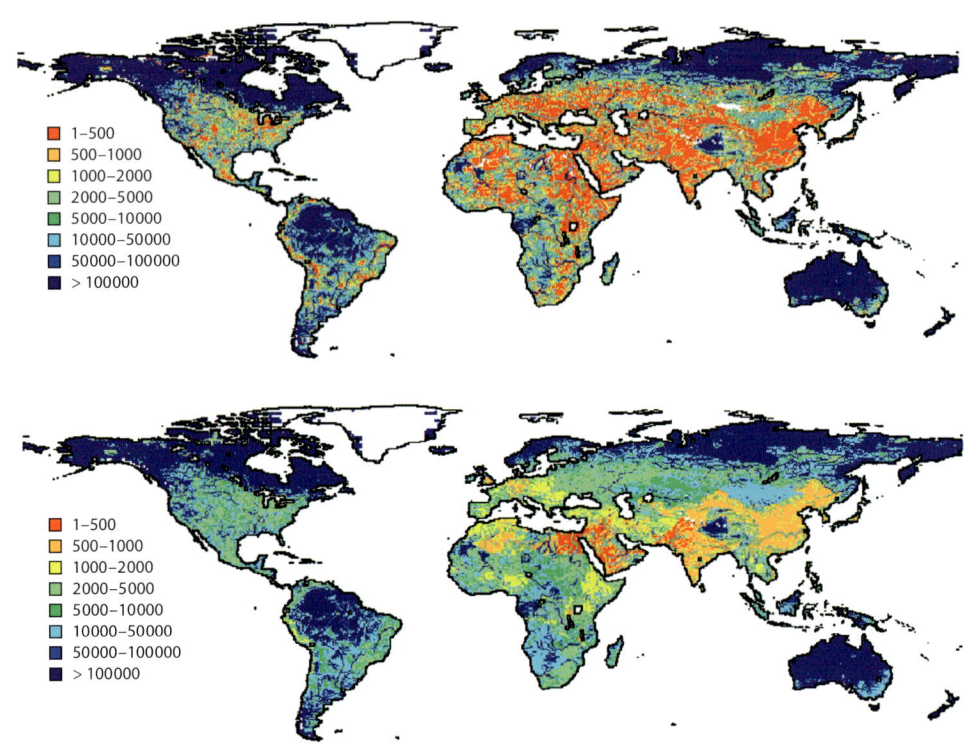

Abb. 4.4.1 Verfügbarkeit von blauem (oben) und grünem plus blauem Wasser (unten) in Kubikmeter pro Person und Jahr, berechnet mit dem LPJmL-Modell als Mittelwert für die Jahre 1996–2005 in 0,5°-Auflösung.

Die zahlreichen Wasserverfügbarkeitsstudien der letzten Jahre weisen allesamt darauf hin, dass global zwar reichlich Wasser vorhanden ist, und dieses über den hydrologischen Kreislauf auch immer wieder erneut gereinigt zur Verfügung steht, dass aber dennoch Wasserknappheit in einigen Regionen der Welt die Nahrungsmittelproduktion einschränkt, v.a. in weiten Bereichen von Süd- und Westasien sowie in Nordafrika. Wachsende Bevölkerung, steigende Einkommen und veränderte Ernährungsgewohnheiten werden bis zum Jahr 2050 global etwa eine Verdopplung der Biomasseproduktion für die Ernährung erfordern, bei entsprechend erhöhtem Wasserbedarf. Gleichzeitig wird der Klimawandel die Niederschlagsvariabilität erhöhen und

Damit ist aber noch nicht der gesamte Wasserverbrauch in der Landwirtschaft beschrieben. Der größte Teil der menschlichen Nahrung wird nicht mit dem beschriebenen sogenannten „blauen Wasser" produziert, das entnommen, auf das Feld geleitet und zur Bewässerung genutzt wird, sondern mit dem Regenwasser, das direkt in den Boden eingedrungen ist. Nicht nur der Regenfeldbau wird vollständig von diesem „grünen Wasser" gespeist, sondern selbst in der Bewässerungslandwirtschaft stammt ein großer Teil, in einigen Regionen sogar der größte Anteil, des verbrauchten Wassers aus in den Boden infiltriertem Regenwasser.

---

1 LPJmL ist ein globales Wasserhaushalts- und Biosphärenmodell – siehe www.pik-potsdam.de/lpj.

4.4 Wasser und Nahrungsmittel

Grünes und blaues Wasser

Grünes Wasser ist direkt aus dem Regen stammendes Bodenwasser, das von Pflanzen transpiriert wird oder anderweitig verdunstet. Blaues Wasser ist in Flüssen, Seen und anderen Oberflächengewässern sowie im Grundwasser gespeichert. Die Art der Landnutzung entscheidet mit über die Aufteilung des Regens in grünes und blaues Wasser. So werden z.B. Oberflächenabfluss und Grundwasserneubildung (blaues Wasser) durch Aufforstungen meist reduziert, während die Verdunstung durch Pflanzen und Boden (grünes Wasser) dabei zunimmt. Je nach Farbe „grün" oder „blau", also der Herkunft, kann das Wasser außer in der Landwirtschaft weitere Nutzungen haben und in unterschiedlicher Weise bewirtschaftet werden.

Die globale Nahrungsmittelproduktion basiert zu etwa 80% auf grünem Wasser. Wenn man die Verdunstung aller Weidegebiete mit berücksichtigt, steigt der Anteil des grünen Wassers an der Nahrungsproduktion noch weiter an.

das Wasserdargebot insbesondere in heute schon kritischen Trockenregionen weiter verringern. Vielfach sind dies Regionen mit gleichzeitig hohem Bevölkerungswachstum und Unterernährung, so dass sich dort die Schere zwischen Wasserdargebot und Wassernachfrage weiter öffnen wird. Woraus deutlich wird, dass Klimaschutz, also Vermeidung von und Anpassung an Klimawandel, ein wichtiger Baustein der Wasser- und Ernährungssicherung ist.

Die üblicherweise verwendeten Wasserknappheitsindikatoren beschreiben diese Situation indes unzureichend und sind daher auch nur bedingt geeignet, um Anpassungsmaßnahmen abzuleiten. Zumeist wird die Wasserverfügbarkeit pro Person nur für blaues Wasser berechnet. Die Verfügbarkeit von blauem Wasser allein ist jedoch in vielen Gegenden wenig aussagekräftig. So wird z.B. in Afrika, mit Ausnahme von Nord- und Südafrika, die Nahrung fast ausschließlich mit grünem Wasser – also ohne Bewässerung – produziert. Die Einbeziehung des auf landwirtschaftlichen Flächen vorhandenen grünen Wassers ändert die räumlichen Muster der Wasserverfügbarkeit erheblich. Üblicherweise für den Teilbereich blaues Wasser als wasserknapp geltende Länder wie Kenia, Äthiopien oder Syrien verfügen über ausreichend grünes plus blaues Wasser, um ihre Bevölkerung zu ernähren.

Bislang werden für Wasserknappheit globale Grenzwerte von ca. 1.300 m³ grünem plus blauem Wasser pro Jahr angenom-

Abb. 4.4.2 Während der Regenzeit füllt sich der See in Nord-Äthiopien und überschwemmt die Felder im Vordergrund. Nach Rückgang des Wassers können die Felder infolge der nun hohen Bodenfeuchte für den landwirtschaftlichen Anbau genutzt werden.

men, die benötigt werden, um ausreichend Nahrung für einen Menschen zu produzieren. Solche weltweit einheitlichen Grenzwerte gehen jedoch in vielen Gebieten an der Realität vorbei. Zum einen werden je nach Klima sehr unterschiedliche Mengen Wasser verdunstet, um eine bestimmte Menge an Nahrungsmitteln, also täglich 3.000 kcal, zu produzieren: In Deutschland z.B. deutlich weniger als 1.000 m³, aber in einigen afrikanischen Ländern im Durchschnitt mehr als 4.000 m³ pro Jahr. Zum anderen steht und fällt die landwirtschaftliche Wasserproduktivität, d.h. die erzeugten Kalorien pro eingesetzter Wassermenge, mit der Art der Landbewirtschaftung, wie z.B. Dünger- und Maschineneinsatz, Bewässerung, Bodenschutz etc. In der Regel steigt die Wasserproduktivität mit dem Ertrag.

Eine solche Analyse weist auf Regionen insbesondere in Afrika hin, die enorme Potentiale zur Erhöhung der Wasserproduktivität und damit zur Ertragssteigerung durch geeignetes Wassermanagement haben („more crop per drop"). Es gibt je nach Region verschiedene Möglichkeiten, die landwirtschaftliche Wasserproduktivität zu erhöhen:

1 Wasserspeicherung und Bewässerung: Vielfach begrenzt nicht die absolute jährlich verfügbare Wassermenge die Nahrungsmittelproduktion, sondern die Verteilung innerhalb des Jahres. Durch verschiedene Techniken zur Wassersammlung („water harvesting") und Wasserspeicherung – im Boden, in kleinen Staubecken und großen Stauseen – kann die Produktion in Verbindung mit zusätzlicher Bewässerung stark erhöht werden.

2 Erhöhung der Produktivität von blauem Wasser, z.B. Erhöhung der Bewässerungseffizienz durch Tröpfchenbewässerung und von grünem Wasser, insbesondere mittels Verringerung unproduktiver Verdunstung durch Bodenbearbeitung, Veränderung des Aussaatzeitpunkts, angepasste Sortenwahl (z.B. C4-Pflanzen mit 2–3 mal höherer Wasserproduktivität[1] anstelle von C3-Pflanzen, Umstellung

Abb. 4.4.3 Regenfeldbau in Äthiopien während der Trockenzeit

---

[1] C3- und C4-Pflanzen unterscheiden sich in ihrem Stoffwechsel, sodass C4-Pflanzen wie Mais oder Hirse bei der Aufnahme von CO_2 deutlich weniger Wasser verlieren und damit im Hinblick auf den Wasserbedarf Biomasse effizienter produzieren als C3-Pflanzen.

4.4 Wasser und Nahrungsmittel

von Nass- auf Trockenreis oder Einsatz dürreresistenterer Sorten). Ein weiterer Ansatz ist eine wasserbewusste Landnutzungsplanung, das kann z.B. heißen, produktive landwirtschaftliche Gebiete vor einer Verstädterung zu schützen. Auf diese Weise erscheint in weiten Regionen Afrikas und Südasiens eine Verdopplung der landwirtschaftlichen Wasserproduktivität möglich.

3 Nutzung von Abwasser in der Landwirtschaft, was gleichzeitig auch eine Nährstoffrückführung zur Folge hat. Das Abwasser stammt zumeist aus Städten.

4 Wassereinsparungen vom Anbau über die Ernte bis zum Konsumenten. Dazu gehört z.B. die Züchtung von Sorten mit geringeren nicht nutzbaren Pflanzenanteilen, bessere Nutzung von Ernterückständen und insbesondere auch wassereffizientere Umwandlung pflanzlicher in tierische Kalorien.

5 Wenn die lokalen Wasserressourcen und Potentiale zur Erhöhung der Wasserproduktivität ausgeschöpft sind, werden Importe aus Regionen mit höherer Wasserproduktivität – meist wasserreichere Regionen – erforderlich. Dies wird heute schon in einigen Ländern des südlichen und östlichen Mittelmeers praktiziert. In diesem Zusammenhang spricht man auch von virtuellem Wasserhandel.

Neben den oben genannten Maßnahmen werden für die Ernährungssicherung bei wachsender Wasserknappheit auch neue Wege beschritten werden müssen, angefangen von genetisch modifizierten Pflanzen über räumliche Umverteilung von Anbauflächen und Salzwasserfarmen bis hin zu Aquakulturen und anderen Produktionsformen außerhalb der Landwirtschaft.

Abb. 4.4.4 Das Bild zeigt einen typischen Regenwasserspeichern in Mojo, Süd-Äthiopien, der in die Erde eingebaut und mit einem Dach versehen ist. Der Speicher hat die Form einer Halbkugel und fasst ca. 50 m³. Im Vordergrund sieht man das Einlassbauwerk mit einem kleinen Vorbecken (150x100x100 cm) und einem Nachbecken (100x100x100 cm), die beide der Sedimentation dienen. Der Wasserzufluss stammt von Dächern und aus Oberflächenabfluss während eines Regenereignisses, der in Rinnen dem Speicher zugeführt wird. Das gespeicherte Wasser wird für die Tröpfchenbewässerung der im Hintergrund sichtbaren Gemüseanbauflächen (ca. 500 m²) genutzt sowie für Nutzvieh und andere Zwecke. Angebaut werden Gemüsearten mit hohem Marktwert.

Nicht alle der genannten Maßnahmen eignen sich gleichermaßen für alle Regionen. Empfehlungen aus Sicht einer global nachhaltigen Wasser- und Landnutzung gilt es mit lokalem Wissen – auch in Hinblick auf die Machbarkeit – so zu verknüpfen, dass die Wasserproduktivität möglichst effizient sowie umwelt- und sozialverträglich gesteigert wird. Dies gilt auch für die jüngst wieder ansteigenden Investitionen in den Landwirtschaftssektor der Entwicklungsländer.

Die Ausgangsfrage, ob Wasserknappheit die Ernährungssicherheit gefährdet, lässt sich dahingehend beantworten, dass global mehr als genug Süßwasser vorhanden ist, um ein Vielfaches der heutigen Weltbevölkerung gut zu ernähren. Der regional wachsenden Wasserknappheit kann durch angepasste Maßnahmenpakete begegnet werden. Dass sich die Ernährungssituation in den armen Ländern derzeit kaum verbessert, hat vor allem politische oder wirtschaftliche Gründe und ist nicht in erster Linie auf physische Wasserknappheit zurückzuführen.

Es darf nicht vergessen werden, dass viele weitere Faktoren ebenfalls limitierend wirken können, wie Landknappheit z.B. aufgrund konkurrierender Nutzungen, fehlender Landrechte und Landdegradierung, Nährstoffmangel, armutsbedingtes Fehlen von Technologien und Wissen sowie unzureichender Marktzugang. Andererseits ist Wasser ein integraler Bestandteil von Landschaften und damit Fundament für eine ganze Reihe weiterer biogeochemischer Prozesse neben der Biomasseproduktion für die menschliche Ernährung, insbesondere für viele andere Ökosystemgüter und Ökosystemdienstleistungen. Deshalb reicht es nicht, Wassermanagement einseitig auf landwirtschaftliche Erträge bzw. Wasserproduktivität zu optimieren, sondern es müssen die komplexen Folgen jeder Intensivierung oder Umverteilung von Wasser- und Landnutzung gegeneinander abgewogen werden.

4.5 Aspekte eines ökologisch intakten Fließgewässers

Das Thema Gewässergüte wird heute umfassender verstanden als noch vor 20 Jahren. Es betrifft nicht nur Verschmutzungen mit Nähr- und Schadstoffen, die zu Eutrophierung und Sauerstoffzehrung führen können, sondern mit der thermischen Belastung durch Kühlwasser und der sogenannten Gewässerstrukturgüte auch die Gewässerphysik und die Gewässermorphologie. Es werden also alle Faktoren betrachtet, die den Lebensraum der Tiere und Pflanzen im und am Gewässer prägen.

Abb. 4.5.1 Die Massenentwicklung unerwünschter Blaualgen kann durch Abflussrückgang und Aufstau begünstigt werden. Das Foto zeigt eine Massenentwicklung der Blaualge *Microcystis sp.* an der Potsdamer Havel.

4.5 Ökologie der Gewässer

Eutrophierung
Zunahme des Wachstums von Algen und höheren Formen pflanzlichen Lebens, meist als Folge von Nährstoffanreicherung im Wasser.

Gewässermorphologie
In der Gewässermorphologie werden Zusammensetzung, Aufbau, Entstehung und Bewegungsvorgänge der Gewässersohle untersucht.

Jede in Fließgewässern vorkommende Tier- und Pflanzenart hat ihre speziellen Ansprüche und ist an bestimmte Umweltfaktoren angepasst. Da die meisten dieser Umweltfaktoren von den hydrologischen Bedingungen abhängen, werden alle Organismen in Fließgewässern, von Bakterien und Mikroalgen bis hin zu großen Fischen oder der Ufervegetation, unmittelbar durch die Hydrologie beeinflusst. Die Hydrologie und Geologie eines Einzugsgebiets prägen die Lebensgemeinschaften in den Flüssen und damit deren Ökologie. Dabei greifen die hydrologischen Faktoren auf allen zeitlichen und räumlichen Ebenen ein.

Welche hydrologischen Faktoren sind entscheidend? Die Lebensgemeinschaften in Fließgewässern werden vor allem von den Strömungsverhältnissen im Fluss geprägt. Dabei spielen nicht nur mittlere Wasserstände und Abflüsse, sondern auch deren Schwankungen im Jahresgang sowie Zeitpunkt, Höhe des Scheitelpunktes und Dauer von Hoch- und Niedrigwasserperioden eine große Rolle. In Kombination mit der Gewässermorphologie, also der Beschaffenheit des Gewässergrundes, erlangen die hydrologischen Faktoren ihre individuelle Bedeutung für die einzelnen Organismen. Die herausragende Bedeutung des Abflussgeschehens für den Zustand und die Entwicklung von Lebensgemeinschaften in Fließgewässern soll am Beispiel wichtiger Gruppen gezeigt werden:

Plankton

Da Planktonorganismen nicht aktiv schwimmen, werden sie fortwährend stromabwärts transportiert. Sie können sich nur zu nennenswerten Populationsdichten entwickeln, wenn die Fließzeit des Gewässers lang genug dafür ist. Dies ist besonders in den Unterläufen der großen Flüsse, in Flussseen, aber auch in stauregulierten Gewässern der Fall. Für die Entwicklung von Planktonalgen sind außerdem Licht, abhängig von Gewässertiefe und Trübung des Wassers, sowie Nährstoffe, besonders der Nährstoffeintrag durch den Menschen, wichtig. In planktonführenden, langsam fließenden Gewässerabschnitten können sich unter bestimmten Umständen auch Nährstoffe, die aus früheren Verschmutzungsphasen in den Sedimenten lagern, in den Wasserkörper zurücklösen und die Algen in ihrem Wachstum fördern. Planktonalgen sind die Nahrungsgrundlage für tierische Organismen, zum Beispiel Zooplankton und Muscheln. Durch ihre organische Masse, Nährstofffestlegung und Sauerstoffproduktion beeinflussen sie die Gewässergüte ganz erheblich.

Makrozoobenthos

Die an der Gewässersohle lebenden Kleintiere der Fließgewässer sind sehr gut an die Strömungsverhältnisse angepasst. Sie müssen sich in der sohlennahen Strömung behaupten und dort ihre Nahrung suchen und sich fortpflanzen. Werden sie verdriftet, können sie leicht in einen ihnen nicht zuträglichen Lebensraum geraten oder frei im Wasser schwebend von Fischen gefressen werden. Sie sind daher in ihrer Körperform und in vielen Details ihrer Anatomie an die Strömungsverhältnisse angepasst. Ändern sich die Strömungsverhältnisse langfristig, z.B. durch Aufstau eines Gewässers, so wird die für ein schnell fließendes Gewässer typische Zusammensetzung der Kleintierarten durch Arten langsam fließender oder stehender Gewässer ersetzt.

Fische

Viele Fische sind in ihrer Lebensweise an die natürliche Abflussdynamik in Fließgewässern angepasst. Während ihrer Entwicklung leben sie in unterschiedlichen Lebensräumen,

Abb. 4.5.2 Barbe (*Barbus barbus*). Für die Entstehung großer, fischereilich nutzbarer Bestände ist diese Fischart wie viele andere auf eine weiträumige Gewässervernetzung angewiesen.

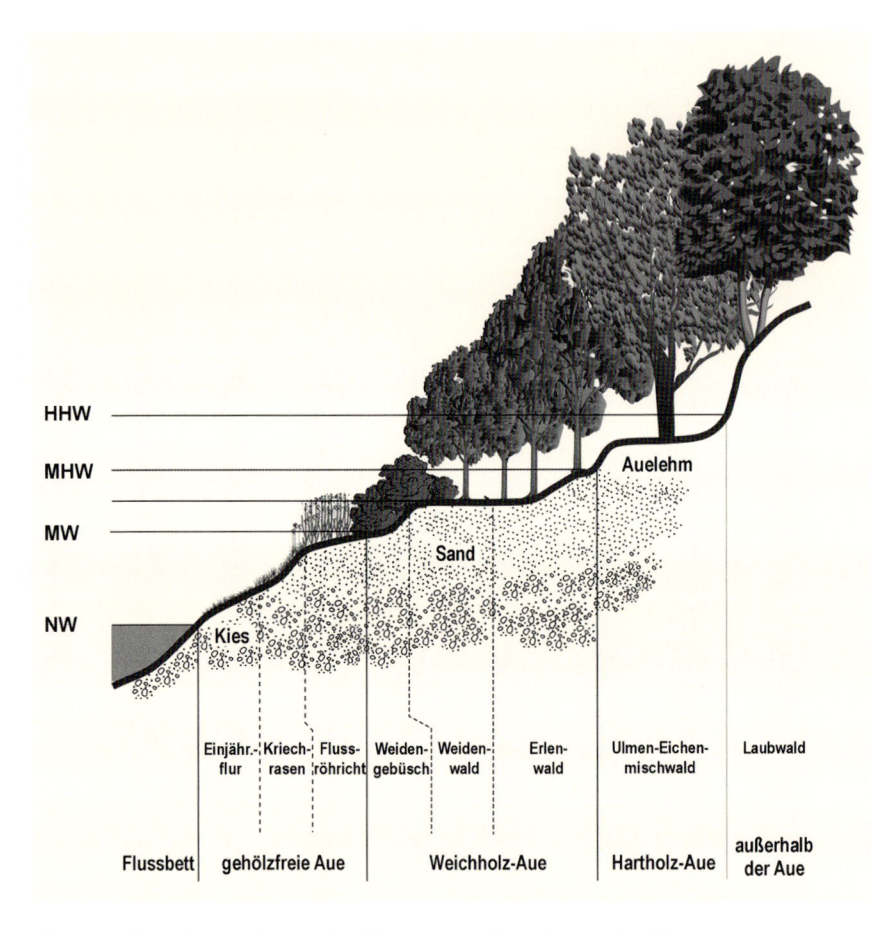

Abb. 4.5.3 Typische Zonierung der Pflanzengesellschaften in der Flussaue. Höchster bekannter Wasserstand (HHW), mittlerer höchster Wasserstand (MHW), mittlerer Wasserstand (MW), niedrigster Wasserstand (NW)

die jeweils verschiedene Strömungsverhältnisse aufweisen. Um ihre Laichhabitate zu erreichen, durchwandern sie häufig lange Strecken. Dafür sind Lachs, Aal und Stör nur die bekanntesten Beispiele; auch viele andere Flussfischarten führen während der Laichzeit oder für die Nahrungssuche Wanderungen unterschiedlicher Länge durch und nutzen im Laufe ihrer Entwicklung verschiedene Lebensräume. Hechte beispielsweise benötigen für die Eiablage im Frühjahr überschwemmte Auenflächen oder pflanzenreiche Flachwasserabschnitte, wo sich Eier geschützt entwickeln und Jungfische ausreichend Nahrung finden können. In naturnahen Fließgewässern sind diese verschiedenen Lebensräume für die Fische erreichbar.

Pflanzen

Die Wasserpflanzen und die Pflanzen der Flussauen werden ebenfalls durch die Abflussdynamik beeinflusst. So sind beispielsweise die Auenpflanzen an bestimmte Grundwasserstände und Überflutungen angepasst. Auch die Samen vieler Wasser- und Uferpflanzen werden mit dem Fluss verbreitet. Die entstehenden „Vegetationsmuster" werden ganz stark durch die Strömungsbedingungen gesteuert. Zusätzlich beeinflussen die Pflanzen selbst das Strömungsverhalten des Gewässers. So können beispielsweise dichte Bestände von Wasserpflanzen eine Stauwirkung entfalten und damit den Wasserstand oberhalb ansteigen lassen. Dieser Effekt trägt zur natürlichen Vernässung von Auen- und Niedermoorbiotopen bei, wird aber häufig durch menschliche Eingriffe, z.B. Entkrautung der Gewässer und Entwässerung von Feuchtwiesen, unterbunden.

Die Beispiele zeigen, wie sehr die Lebensgemeinschaften an das Abflussregime der Fließgewässer angepasst sind. Folglich müssen sich Änderungen im Abflussgeschehen und in der Morphologie der Gewässer (beides geht meist Hand in Hand) unmittelbar auf die Gewässerökologie auswirken. Es wird daher angestrebt, die strömungstechnischen und hydrologischen Bedingungen für die Pflanzen- und Tierarten der Gewässer zu verbessern und die durch den Menschen verursachten Veränderungen teilweise auszugleichen. Dazu müssen bestehende Konflikte zwischen den ökologisch begründeten Ansprüchen und verschiedenen menschlichen Gewässernutzungen untersucht, aufgeklärt und entschärft werden. Die Wiederherstellung der Durchgängigkeit eines Gewässers für Fische ist hierfür ein Beispiel.

Ebenso werden Konzepte erarbeitet, wie bei Wasserausleitungen auf kurzen Strecken, z.B. für

Abb. 4.5.4 Fischaufstiegsanlage an der Weser, ausgestaltet als Doppelschlitzpass mit Ruhebecken. Jährlich steigen mehrere 10.000 Fische in die Mittelweser auf.

Kleinkraftwerke, oder auch bei dauerhaften Wasserentnahmen zuträgliche Bedingungen für die pflanzliche und tierische Besiedlung der Gewässer erhalten werden können. Derartige Fragestellungen können nur gelöst werden, wenn die ökologischen Ansprüche der einzelnen Arten bekannt und formuliert sind. Ökologische Auswirkungen müssen dabei differenziert betrachtet und die zu erreichenden Umweltziele klar definiert werden. Andererseits muss klar sein, dass jede Veränderung des hydrologischen Regimes ökologische Folgen nach sich zieht, auf die bereits bei der Planung von Maßnahmen Rücksicht genommen werden muss.

Abb. 4.5.5 Während eines Hochwassers durchströmter Auenwald an der oberen Donau

4.6 Wasserstandsvorhersage für Hoch- und Niedrigwasser

Der Wunsch der Menschen nach einer Warnung vor extremen hydrologischen Naturereignissen wie Hochwasser hat eine lange Geschichte. In China alarmierten schnelle Reiter 1573 die Bewohner am Fluss Hoang Ho vor einem kommenden Hochwasser. Gut 200 Jahre später wurden in Deutschland die Bewohner des Elbetals durch Kanonendonner von den sächsischen Bastionen vor den Fluten gewarnt. Derartige Warnungen wurden aufgrund des vielen Regens und des sichtbaren Ansteigens der Wasserstände in den Flüssen vorgenommen. Der Blick in die Zukunft, auch nur für wenige Tage, war nicht möglich. Das aber war und ist wichtig für die Menschen, die am oder vom Fluss leben. Eine frühzeitige Warnung, basierend auf einer zuverlässigen Vorhersage, war notwendig und schon früh ein wichtiger Forschungsschwerpunkt.

Viel Zeit und Energie wurde daher in die Entwicklung einer Wasserstandsvorhersage sowohl für Hochwasser als auch für Niedrigwasser investiert. Heute stehen komplexe Rechenmodelle zur Verfügung, die den Wasserhaushalt im gesamten Flussgebiet mit Hilfe von mathematischen Gleichungen beschreiben. Leistungsfähige Computer erlauben eine Berechnung der Vorhersage innerhalb weniger Minuten. Diese Modelle berechnen die zukünftigen Wasserstände im Fluss als Reaktion auf unterschiedliche Messgrößen, wovon die wichtigsten der derzeitige Wasserstand, der bereits gefallene sowie vorhergesagte Niederschlag, d.h. Regen oder Schnee, sind. Betrachtet werden zum Beispiel auch die aktuelle

4.6 Wasserstandsvorhersage

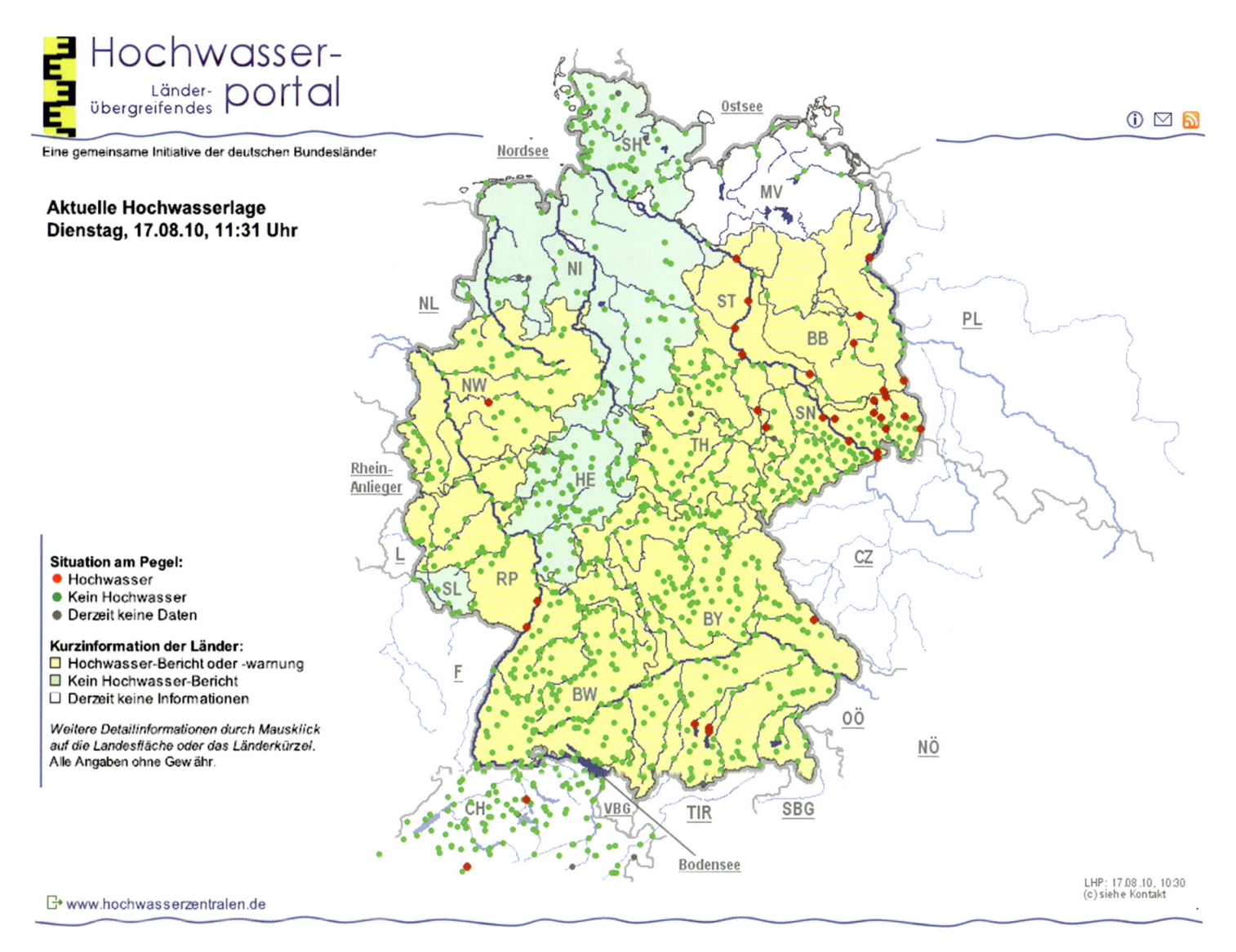

Abb. 4.6.1 Gemeinsames Internet-Hochwasserportal der Bundesländer

4 Herausforderungen in der Hydrologie – was muss bewältigt werden?

Bodenfeuchte, die Verdunstung oder die Schneeschmelze. Die Berechnung erfolgt unter Berücksichtigung von Faktoren wie Gewässergeometrie, Landschaftsform, Landnutzung und Bodenart.

Für die Eingangsgrößen müssen den Modellen eine Vielzahl möglichst aktueller hydrologischer Messdaten wie Wasserstand und Abfluss sowie meteorologischer Mess- und Vorhersagedaten wie Niederschlag und Lufttemperatur bereitgestellt werden. So fließen in das Modell der Bundesanstalt für Gewässerkunde, das zur Vorhersage von Wasserständen an ausgewählten Pegeln des Rheins für die Schifffahrt verwendet wird, neben den Messwerten von 47 Pegeln stündliche Messdaten von über 600 Wetterstationen im in- und ausländischen Einzugsgebiet des Rheins sowie die Wettervorhersagen des Deutschen Wetterdienstes ein. Die große und stetig wachsende Zahl hydrometeorologischer Eingangsdaten erfordert dabei den Einsatz schneller und zuverlässiger Datenverarbeitung, die Methoden zur automatisierten Prüfung, Vervollständigung und Korrektur der Daten beinhaltet.

In Deutschland haben die Hochwasserereignisse von 1993 und 1995 am Rhein, 1997 an der Oder und 2002 an Donau und Elbe entscheidend zur Steigerung des Bewusstseins über die Notwendigkeit einer möglichst guten Hochwasservorhersage beigetragen. Hierdurch ergab sich ein kontinuierlicher Prozess der Aktualisierung und Verbesserung der Vorhersagetechnik. Dieser beinhaltete neben der Weiterentwicklung der eigentlichen Berechnungsmodelle auch die Datenübertragung sowie die gesamte Organisation des Hochwassernachrichtendienstes unter Einbeziehung modernster Kommunikationstechnik.

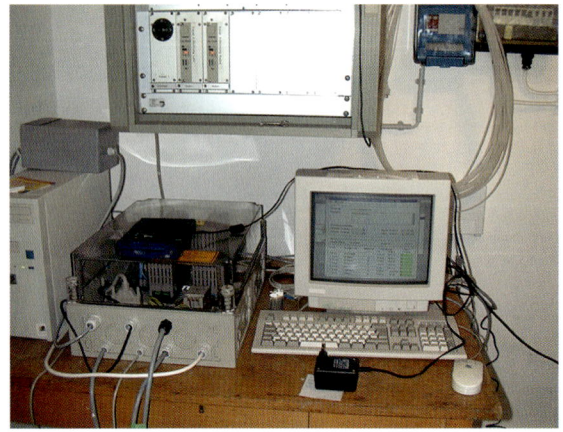

Abb. 4.6.3 Digitale Erfassung von Messwerten in einem Pegelhaus

Abb. 4.6.2 Niedrigwasser am Rhein 2003

4.6 Wasserstandsvorhersage

Modelle stellen immer nur ein vereinfachtes Abbild der Wirklichkeit dar. Abweichungen zur Wirklichkeit entstehen in der Regel durch Mess- und Modellungenauigkeiten. So liegen die meteorologischen Messdaten im Allgemeinen nur punktuell an Wetterstationen vor, werden aber flächenhaft für das ganze Einzugsgebiet benötigt. Bei einem längeren Vorhersagezeitraum beruht die Modellberechnung auch auf der Wettervorhersage und den damit verbundenen zusätzlichen Unsicherheiten.

Die erreichbare Vorhersagedauer, das heißt der Zeitraum, über den eine Aussage mit einer bestimmten Sicherheit gemacht werden kann, hängt stark von der Größe des Einzugsgebietes ab. So können bei kleinen, schnell auf ein Niederschlagsereignis reagierenden Einzugsgebieten (kleiner 500 km²) oft nur Vorhersagezeiträume von wenigen Stunden erreicht werden, was auch der ungenauen Erfassung kleinräumiger Niederschlagsereignisse in den Wettervorhersagemodellen geschuldet ist. Bei einem großen, verhältnismäßig langsam fließenden Fluss wie der Elbe sind Vorhersagen über einen Zeitraum von mehreren Tagen möglich.

Darüber hinaus hängt die Vorhersagedauer aber auch vom aktuellen Wasserstand ab. So ist derzeit für die Pegel am Mittel- und Niederrhein im Hochwasserfall eine Vorhersagedauer von 48 Stunden möglich. Die verkehrsbezogene Wasserstandsvorhersage, die für Mittel- und Niedrigwasser von der Wasser- und Schifffahrtsverwaltung des Bundes bereitgestellt

Abb. 4.6.4 Wasserstandsvorhersage für den Rheinpegel Duisburg-Ruhrort. Wegen der zunehmenden Unsicherheit für einen längeren Vorhersagezeitraum wird nach Vorhersage (1.+2.Tag) und Abschätzung (3.+4.Tag) unterschieden.

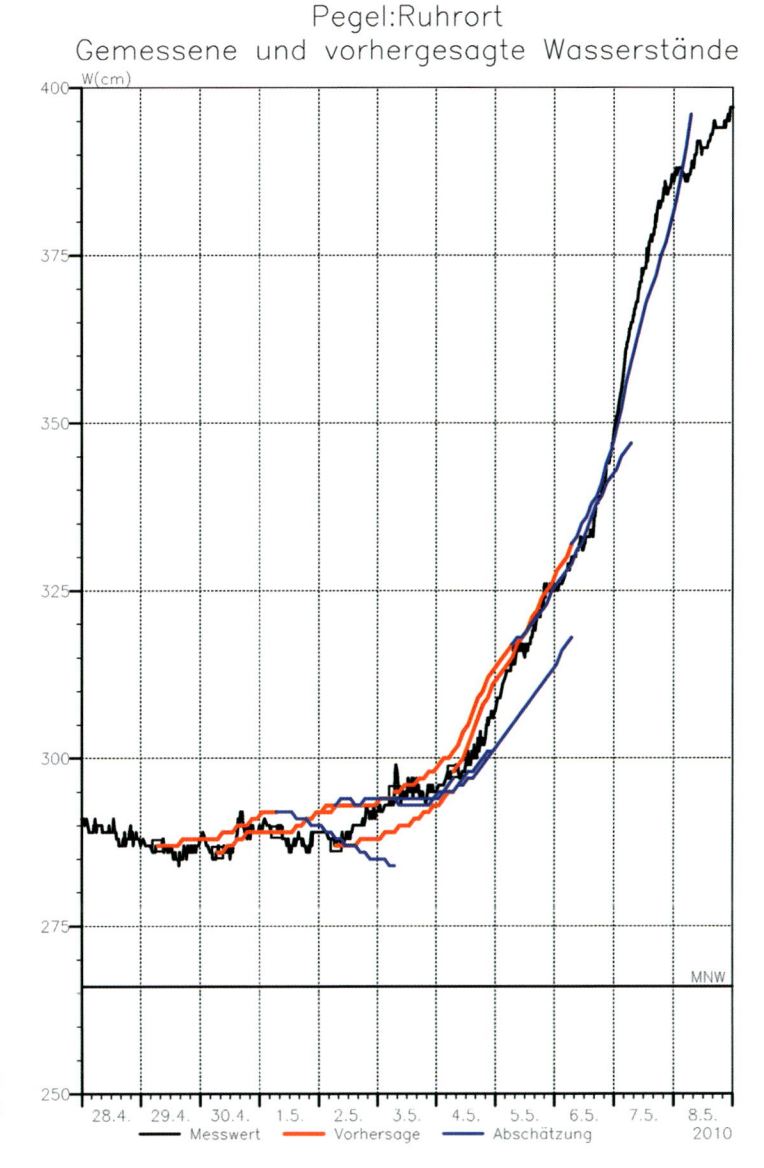

wird, konnte 2008 für den Rhein auf 96 Stunden verlängert werden. Gründe hierfür sind die im Vergleich zum Hochwasserereignis geringen Unsicherheiten in der Niederschlagsvorhersage und in der hydrologischen Modellierung.

Die verkehrsbezogene Wasserstandsvorhersage bedeutet für die Schifffahrt wertvolle Information, dank derer die Schiffer die Beladung für die bevorstehende Fahrstrecke besser kalkulieren können. Außerdem bringt der verlängerte Vorhersagezeitraum einen deutlichen Sicherheitsgewinn für die Schiffe. Neben dem Bund stellen inzwischen auch einige Bundesländer Informationen und Vorhersagen für Niedrigwasserzeiten bereit. Diese dienen als Entscheidungshilfen für das Niedrigwassermanagement bei Behörden, in der Industrie, für die Energieversorgung und in der Landwirtschaft.

Trotz stetiger Weiterentwicklung der Modelle und Verbesserung der verwendeten Methoden und Daten wird immer eine Unsicherheit in der Wasserstandsvorhersage bleiben. Die genaue Quantifizierung dieser Unsicherheit und die geeignete Kommunikation derselben an die Nutzer der Vorhersage gewinnt an Bedeutung und ist deswegen derzeit ein Thema, das in vielen Forschungsprojekten untersucht wird.

Eine Vorhersage kann helfen, sich auf Kommendes einzustellen, aber auch die beste Vorhersage kann uns nicht vor dem Ereignis schützen.

4.7 Auswirkungen der Erwärmung auf den Wasserhaushalt

Das globale Wettergeschehen kann als eine riesengroße Wärmekraftmaschine betrachtet werden, die unaufhörlich von der Strahlung der Sonne angetrieben wird. Die Energieaufnahme wird dabei von Spurengasen in der Atmosphäre reguliert; die wichtigsten sind Wasserdampf, Kohlendioxid (CO_2), Methan und Stickstoffdioxid (Lachgas). Ebenso wie Stickstoff und Sauerstoff lassen sie die kurzwellige Solarstrahlung weitgehend ungehindert passieren, halten jedoch die von der Erdoberfläche zurückgestrahlte langwellige Wärmestrahlung zurück. Durch diesen „Treibhauseffekt" hat die Erde eine Durchschnittstemperatur von etwa 15°C, ohne ihn

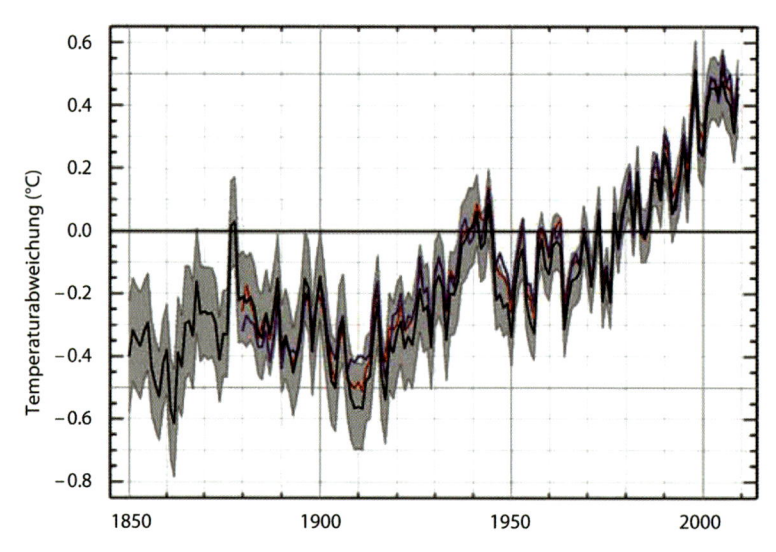

Abb. 4.7.1 Langjährige Temperaturabweichungen der Zeitreihe 1850-2009 vom Mittelwert der Zeitreihe 1961-1990; basierend auf Daten des Hadley Centre of the UK Meteorological Office (schwarze Linie), National Weather Service of the National Oceanic and Atmospheric Administration (rote Linie) und Goddard Institute for Space Studies operated by the National Aeronautics and Space Administration (blaue Linie), grauer Bereich 95% Konfidenzintervall.

4.7 Klimawandel und Wasser

Klima

Der Begriff „Klima" wird definiert als die Zusammenfassung der Wettererscheinungen, die den mittleren Zustand der Atmosphäre an einem bestimmten Ort oder in einem mehr oder weniger großen Gebiet charakterisiert. Das Klima wird beschrieben mit statistischen Werten, also z.B. Mittelwerten, Extremwerten oder Häufigkeiten über einen längeren Zeitraum. Im Allgemeinen wird ein Zeitraum von 30 Jahren zugrunde gelegt.

wäre Leben auf der Erde nicht möglich. Eine weitaus höhere Konzentration der Treibhausgase würde die Erde aufheizen.

Im Zuge der Industrialisierung hat die Menschheit, wenn auch zunächst in Unkenntnis der Folgen, zunehmend in die globale Wärmeregulierung eingegriffen, indem sie den Gehalt an Treibhausgasen in der Atmosphäre erhöht hat. Am stärksten schlägt dabei Kohlendioxid zu Buche. Durch das Verbrennen von Kohle, Erdöl und Erdgas sowie durch großflächige Waldrodungen ist seine Konzentration von 280 ppm (parts per million) in vorindustrieller Zeit auf jetzt 390 ppm angestiegen.

Die Ausdehnung und Intensivierung von Landwirtschaft und Viehhaltung, bedingt vor allem durch das Bevölkerungswachstum, haben die Konzentration von Lachgas und Methan ebenfalls ansteigen lassen. Lachgas entsteht bei starker Stickstoffdüngung und Methan steigt aus Reisfeldern auf und entweicht den Rindermägen.

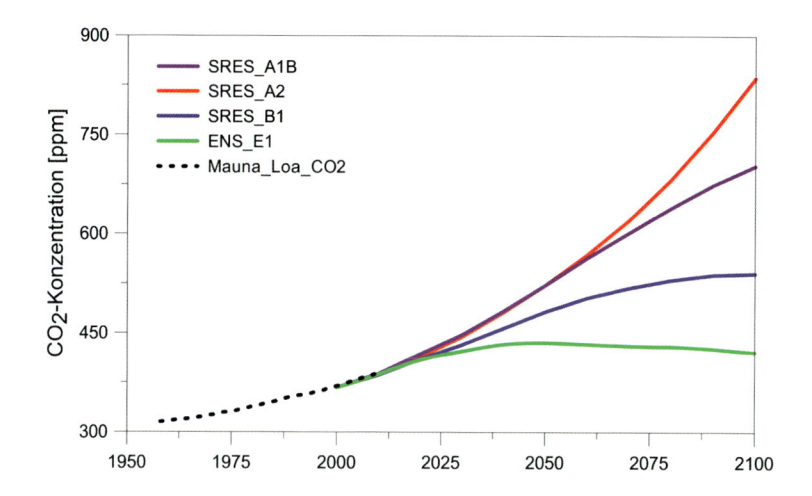

Abb. 4.7.2 Am Vulkan Mauna Loa auf Hawai gemessene (gepunktete Linie) und auf Basis definierter Emissionsszenarien (SRES) berechnete mögliche zukünftige Entwicklungen klimawirksamer CO_2-Konzentrationen. Die verschiedenen Annahmen, die den Szenarien zugrunde liegen, ergeben die unterschiedlichen Niveaus der zukünftigen Treibhausgasemissionen. Das A1-Szenario (lila) beschreibt eine zukünftige Welt mit sehr raschem Wirtschaftswachstum, einer Mitte des 21. Jahrhunderts kulminierenden und danach rückläufigen Weltbevölkerung sowie die schnelle Einführung neuer und effizienterer Technologien. Dem A2-Szenario (rot) liegt eine sehr heterogene Welt bei einer weiter wachsenden Weltbevölkerung mit vergleichsweise langsamerem Wirtschaftswachstum und technologischen Entwicklungen zu Grunde. Das B1-Szenario geht von einer Welt aus mit der gleichen, Mitte des 21. Jahrhunderts kulminierenden und danach rückläufigen Weltbevölkerung wie in A1, jedoch mit raschen Änderungen der wirtschaftlichen Strukturen in Richtung einer Dienstleistungs- und Informationswirtschaft, bei gleichzeitigem Rückgang des Materialverbrauchs und Einführung von sauberen und ressourcen-effizienten Technologien. Der als E1-gekennzeichnete Konzentrationsverlauf (grün) ist hypothetisch erforderlich, wenn das politisch angestrebte Ziel, die Erderwärmung unter 2°C zu halten, erreicht werden soll.

Klimamodelle

Nach den Gesetzen der Physik muss die erhöhte Konzentration dieser Gase zu einer Erwärmung der Erdatmosphäre führen. Doch wie stark die Temperaturerhöhung ausfällt und welche Effekte sich sonst noch einstellen, ist höchst ungewiss. Seit 1850 ist die CO_2-Konzentration der Atmosphäre kontinuierlich angestiegen, doch die Temperaturkurve verlief keineswegs so regelmäßig. Erst seit 1950 ging sie parallel zum CO_2-Anstieg steil nach oben, verharrt aber in den letzten 10 Jahren in etwa wieder auf gleichem Niveau. Das zeigt, dass außer CO_2, die anderen Spurengase werden in CO_2-Äquivalente umgerechnet, noch weitere natürliche und vom Menschen verursachte Faktoren am Werk sind. Es besteht also keine simple Korrelation zwischen CO_2-Gehalt und Temperatur, ganz zu schweigen von den übrigen Klimavariablen. Hinzu kommt, dass der prognostizierte Anstieg der Treibhausgasemissionen umso unsicherer wird, je weiter man in

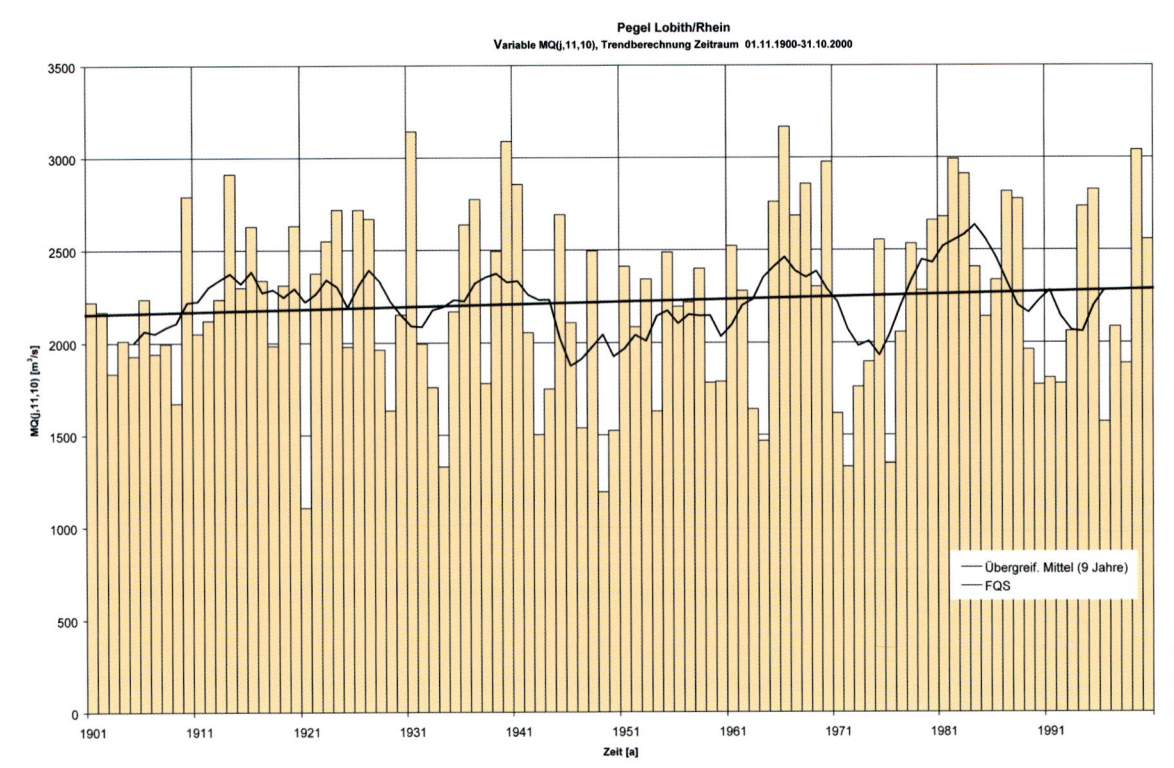

Abb. 4.7.3 Mittlere Jahresabflüsse im 20. Jahrhundert und Trendentwicklung am Pegel Lobith, Niederrhein

4.7 Klimawandel und Wasser

die Zukunft blickt. Sie hängt von vielfältigen wirtschaftlichen, technischen und auch schwer fassbaren Entwicklungen wie dem Lebensstil ab, und das in so unterschiedlichen Ländern wie China, Indien, Russland und den USA. Das Geschehen in Deutschland, das einen Anteil von 5 % an den globalen Emissionen hat, ist demgegenüber relativ unbedeutend.

Die Klimamodellierer versuchen, das komplexe Geschehen durch immer ausgefeiltere Computersimulationen in den Griff zu bekommen. Doch die beeindruckenden Rechenoperationen dürfen nicht darüber hinwegtäuschen, dass einige grundlegende Prozesse noch sehr unvollkommen erfasst sind, so der Kohlenstoffkreislauf zwischen Atmosphäre, Ozean und Pflanzen. Einer von vielen Effekten: Ein höherer CO_2-Gehalt lässt manche Landpflanzen und Algen stärker wachsen, damit wird der Atmosphäre vermehrt CO_2 entzogen. Das bremst die Erwärmung. Auf der anderen Seite wird bei Erwärmung im Wasser gelöstes CO_2 freigesetzt. Ebenso kann aus Permafrostboden, der mit der Erwärmung auftaut, Methan freigesetzt werden.

Vor allem über die Wirkung der Wolken, welche nach Ansicht von Atmosphärenforschern einen der wichtigsten Faktoren im Klimasystem darstellen, ist immer noch zu wenig bekannt. Infolge der globalen Erwärmung verdunstet mehr Wasser. Dadurch könnten sich mehr Wolken bilden, was aber voraussetzt, dass genügend Kondensationskeime vorhanden sind, was wiederum von der natürlichen und vom Menschen verursachten Staubentwicklung abhängt. Wichtig ist auch, welche Arten von Wolken sich bevorzugt bilden. Hohe dünne Eiswolken würden, weil sie die Wärmeabstrahlung behindern, die Erwärmung noch beschleunigen. Tieferliegende

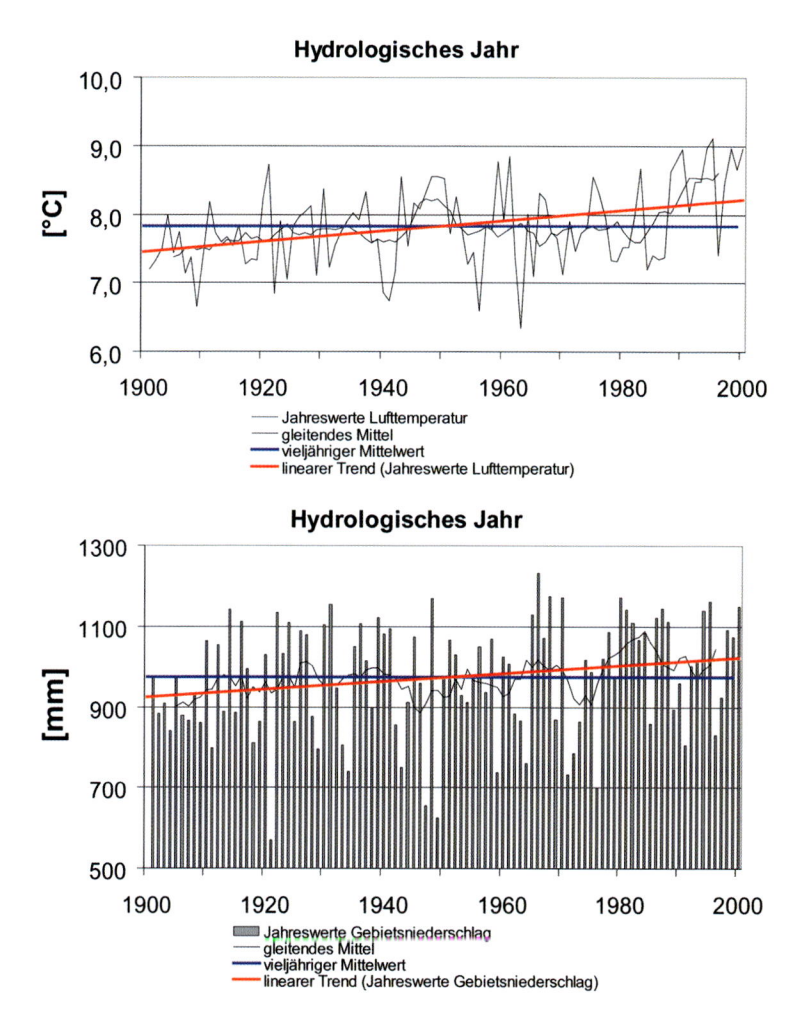

Abb. 4.7.4 Entwicklung der Jahresdurchschnittstemperaturen (oben) und der Jahressummen des Niederschlags (unten) im 20. Jahrhundert im Einzugsgebiet des Pegels Lobith, Niederrhein

dicke Wolken hingegen, die von ihrer weißen Oberfläche Sonnenlicht reflektieren, würden das Gegenteil bewirken. Schon kleine Änderungen der Bewölkung gegenüber den bisherigen Annahmen könnten alle Prognosen der Klimamodelle zunichtemachen; die Richtung der Änderung ist unsicher, die auf uns zukommende Erwärmung kann sowohl unter- als auch überschätzt werden.

Klimawandel und Wasserkreislauf

Aus der Unsicherheit über die zukünftige Bewölkung resultiert zwangsläufig eine ebensolche Unsicherheit über die Niederschlagsverteilung. Hinzu kommt noch ein anderes Problem. Für die Klimamodelle wird ein recht grobes Raster über die Erde gelegt. Ein Planquadrat von 120 bis 200 km Kantenlänge ist hier ein homogenes Element. Es geht also nur mit je einem Durchschnittswert für Temperatur, Luftdruck, Einstrahlung, Wind, Wolkenbedeckung etc. in die Rechenoperationen ein und die Topographie wird auf eine Durchschnittshöhe eingeebnet. Eine feinere Aufteilung würde selbst die Kapazität neuester Hochleistungsrechner überfordern bzw. zu inakzeptabel langen Rechenzeiten führen. Infolge der groben Rasterung können auch die Resultate nicht in feinerer Auflösung vorliegen. Gerade für Aussagen zur Niederschlagsverteilung ist das aber sehr unbefriedigend. Am Beispiel der Alpen ist das unmittelbar nachvollziehbar. Ein Rechenquadrat überspannt leicht den Alpenkamm von Nord nach Süd und erscheint als ein Gebiet mit homogenem Wetter, während in der Realität an der Nord- und Südseite oft völlig unterschiedliche Verhältnisse herrschen. Man versucht diese Ungenauigkeit durch regionale Klimamodelle mit feinerer Aufteilung zu beheben. Dabei werden jedoch auch die Fehler aus den globalen Modellen in die regionalen Modelle übertragen.

Die Unsicherheit über die zukünftige Höhe und Verteilung des Niederschlags bedingt in vielen Fällen eine mindestens ebensolche Unsicherheit über die zukünftige Wasserführung von Flüssen. Das könnte die Wasserwirtschaft vor erhebliche Probleme stellen.

Die „Internationale Kommission für die Hydrologie des Rheingebietes" (KHR) arbeitet intensiv an diesem Thema. Eine von ihr beauftragte Expertengruppe befasste sich beispielsweise mit der komplexen Aufgabe, für das Einzugsgebiet des Rheins zum einen die langfristige Entwicklung des

Abb. 4.7.5 Klimaänderungszuschlag auf den hundertjährlichen Hochwasserabfluss

4.7 Klimawandel und Wasser

Abflussverhaltens zu untersuchen und zum andern dabei den Zusammenhang zwischen Klima und Abfluss sowie den Einfluss anderer Faktoren in Gegenwart und Vergangenheit zu klären. Die Untersuchung erstreckte sich auf das gesamte 20. Jahrhundert. Damit ist weltweit erstmals ein derart bedeutendes Flussgebiet so eingehend hydrologisch erforscht worden. Auf dieser Studie aufbauend arbeitet derzeit eine weitere Expertengruppe daran, die möglichen Änderungen dieser Größen in der Zukunft zu bestimmen.

Der Rhein im Klimawandel des 20. Jahrhunderts

Zur Analyse der Verhältnisse im 20. Jahrhundert wurde das 185.000 km² große, von 60 Millionen Bewohnern intensiv genutzte Einzugsgebiet in 38 Teilgebiete aufgeteilt. Für jedes dieser Teilgebiete wurden nicht allein die über diesen langen Zeitraum aufgezeichneten Abflussdaten ausgewertet, sondern parallel dazu auch diejenigen zur Lufttemperatur und zum Niederschlag.

Die Resultate zeigen, dass sich das Abflussverhalten des Rheins im 20. Jahrhundert messbar verändert hat. Im Ober- und Unterlauf ist jeweils ein eigenes Grundmuster vorherrschend; der Wechsel tritt in etwa mit der Einmündung des Mains ein.

In den alpinen Regionen sind die Abflussmengen im Sommer mit entsprechenden Folgen für den gesamten Oberlauf zurückgegangen, im Winter dagegen angestiegen. Ausschlaggebend dafür sind die milderen Winter. Es fällt mehr Niederschlag und dieser öfter als Regen anstatt als Schnee. Zusätzlich schmilzt in Tauwetterperioden auch mehr Schnee bereits

Abb. 4.7.6 Hochwasser an der Mosel, Einfahrt zur Schleuse Müden

im Winter ab. Insgesamt wird so weniger Schnee im Gebirge akkumuliert und entsprechend weniger Schmelzwasser kann im Sommer abfließen: Abflussbezogen ist damit ein saisonaler Umverteilungseffekt vom Sommer zum Winter zu erkennen.

Zusätzlich hat die Talsperrenbewirtschaftung für die Wasserkraftnutzung im Alpenraum einen ähnlichen Umverteilungseffekt in vergleichbarer Größenordnung, denn sie bewirkt einen Oberflächenwasserrückhalt und damit Verstärkung des Abflussrückgangs im Sommer und eine erhöhte Wasserabgabe mit einer hierdurch bedingten Abflusszunahme in den Wintermonaten. Nicht die gesamten beobachteten Abflussregimeveränderungen gehen daher auf das Konto des Klimawandels.

An den Nebenflüssen im Mittel- und Unterlauf des Rheins spielt Schnee in der Wasserbilanz eine geringere Rolle, es dominiert der Regen. Dort hat sich der im Winter ohnehin größere Abfluss weiter erhöht, im Sommer hingegen sind wenige Änderungen zu erkennen. Das wird darauf zurückgeführt, dass in der kalten Jahreszeit die regenreichen Westwindlagen deutlich zugenommen haben. Die Niederschlagsmengen im Sommer sind dagegen nur leicht angestiegen, gerade soviel, um die geringeren Abflüsse aus den Alpen auszugleichen.

In der Summe führen die Änderungen in den verschiedenen Einzugsgebieten zu einer Erhöhung der Abflussmengen im Rhein. So ist im Verlauf des 20. Jahrhunderts der mittlere Abfluss des Stromes am Pegel Lobith an der deutsch-niederländischen Grenze im Winterhalbjahr von 2.300 auf 2.700 m³ pro Sekunde angestiegen; im Sommer dagegen schwankt er unverändert um 2.000 m³ pro Sekunde. Aufs Jahr umgerechnet ist der Rhein um rund 10 % wasserreicher geworden. Im Einklang damit ist auch ein ansteigender Trend der Hochwasserabflüsse zu erkennen. Diese Zunahme ist jedoch nicht mit einer Erhöhung der extremen Scheitelabflüsse verbunden, sondern wird vielmehr durch ein häufigeres Auftreten mittlerer und großer Hochwasser verursacht. Dagegen wurden extrem niedrige Wasserstände seltener. Abflüsse von

Natürlicher Klimawandel
Von Natur aus unterliegt das Klima der Erde einem unaufhörlichen Wandel. Diese Veränderungen spielen sich auf unterschiedlichen Zeitskalen ab. Die Kontinentalverschiebung, die Meeresströmungen blockiert oder in neue Richtungen umlenkt sowie Gebirge und Hochplateaus wie den Himalaja und Tibet in die Höhe presst, was wiederum Phänomene wie den Monsun hervorruft, läuft in geologischen Zeiträumen jenseits menschlicher Zeitbegriffe ab. Andere tiefgreifende Klimawechsel wie das Kommen und Gehen der Eiszeiten haben sich hingegen schon innerhalb der Menschheitsgeschichte abgespielt. Für diesen Wechsel von Warm- und Kaltzeiten ist das Verhalten der Erdkugel als Ganzes verantwortlich. Ihr Umlauf um die Sonne ähnelt den taumelnden Bewegungen eines Kreisels, nur dass sich diese Bewegungen in Zeiträumen von Zehntausenden von Jahren vollziehen. Je nach Ausrichtung der Erdachse wird dabei von der Erde, bedingt auch durch die ungleiche Verteilung von Kontinenten und Ozeanen, mehr oder weniger Energie aufgenommen. Das führt bei bestimmten Konstellationen zu einer Abkühlung, die, verstärkt durch Rückkoppelungsprozesse, in eine Eiszeit mündet. Sodann arbeitet auch die Sonne selbst, wie die Sonnenflecken zeigen, nicht mit absoluter Konstanz. Eine starke Schwankung der solaren Aktivität wird für die sogenannte „Kleine Eiszeit" verantwortlich gemacht, die vom 15. bis zur Mitte des 19. Jahrhunderts die Nordhalbkugel mit Europa im Griff hatte. Und schließlich können auch heftige Vulkanausbrüche empfindliche Klimastörungen hervorrufen. Ein gigantischer Vulkanausbruch des Toba auf Sumatra vor etwa 75.000 Jahren hätte die junge Menschheit einer Theorie zufolge fast vernichtet. Alle diese Prozesse sind jeglichem menschlichen Einfluss entzogen und werden auch in Zukunft den Lauf des Klimas steuern.

4.7 Klimawandel und Wasser

unter 600 m³ pro Sekunde, wie sie stromabwärts von Köln bis zum Jahr 1960 gelegentlich auftraten, sind seitdem nicht mehr vorgekommen.

Wie weiter vorgehen?

Die Auswirkungen des zukünftigen Klimawandels auf den Wasserhaushalt sind gegenwärtig Anliegen vielfältiger Untersuchungen. Insbesondere kleinräumig und für das Auftreten extremer Ereignisse sind Aussagen über mögliche zukünftige Änderungen i.d.R mit großen Unsicherheiten behaftet, d.h. die Bandbreite der Ergebnisse verschiedener Untersuchungen, z.B. zu Hochwasserhäufigkeiten, ist wesentlich größer als die berechnete mittlere Veränderung. Der Klimawandel mag die Wasserwirtschaft möglicherweise vor erhebliche Herausforderungen stellen. Doch sind diese nicht völlig neu. Denn der Mensch ist mit Hilfe eines umfassenden Instrumentariums von seit Jahrhunderten entwickelten Kulturtechniken schon immer bestrebt, die klimatisch bedingte ungleichmäßige Verteilung des Wassers in Raum und Zeit für seine Zwecke auszugleichen. Zur Gewährleistung der Versorgung mit Wasser und eines hinreichenden Hochwasserschutzes steht somit der gesamte „Werkzeugkasten" des Wasserbauingenieurs zur Verfügung, u.a. mit Maßnahmen wie Speicherbau, Überleitungen, Deichrückverlegungen, Schutzbauten oder auch Renaturierungen. Die Frage ist nur: Haben wir schon genügend sichere Kenntnisse über die zukünftige Entwicklung, um die damit verbundenen Investitionen zu rechtfertigen?

Die Unsicherheiten in Risiko- und Wirtschaftlichkeitsbetrachtungen lassen es beim heutigen Stand des Wissens in vielen Fällen notwendig erscheinen, bis auf Weiteres sogenannte No- bzw. Low-Regret-Strategien zu wählen. D.h. ggf. zukünftig erforderliche Maßnahmen werden noch nicht veranlasst, jedoch andere, heute gewünschte Vorhaben bei geringen Mehrkosten so durchgeführt, dass sie die eventuell später erforderlichen Maßnahmen nicht behindern. Ein typisches Beispiel hierfür ist die präventive Höherlegung einer heute zu bauenden Flussbrücke, damit eine möglicherweise erforderliche Erhöhung von Hochwasserschutzdeichen ohne Um- oder Neubau der Brücke vorgenommen werden kann.

Es geht also darum, auf überlegte Weise Vorsorge für die Zukunft zu treffen ohne sich bereits heute durch verfrühte Festlegungen über Gebühr in seinen Handlungsmöglichkeiten zu beschneiden.

Ganz allgemein gilt, dass es nie einen hundertprozentigen Schutz vor Naturgefahren geben kann, unabhängig davon, wie aufwändig wir vorsorgen. Es ist auch fraglich, ob ein Vermeidungsprinzip hier allein Orientierung geben kann. Denn ein derart umfassender „Schutz" kann die Ressourcen einer Gesellschaft schnell überfordern.

Entsprechend darf „Schutz" niemals das alleinige Ziel einer Anpassungsstrategie sein, sondern nur ein Element im umfassenderen Konzept des Risikomanagements. Für den Bereich des Hochwassers wird genau dies gegenwärtig mit der Hochwasserrisikomanagementrichtlinie auf europäischer Ebene eingeführt. Ganz analog muss ein Management der möglichen Folgen des Klimawandels entwickelt werden. Die genannten No- bzw. Low-Regret-Strategien und die Anpassung des menschlichen Verhaltens sind darin wesentliche Elemente.

... in die Zukunft
... hydrologie –
... und Ziele

...tschaftung ist die Bereitstellung von ...tsprechender Qualität, wie sie für die ...nsch und Natur benötigt werden. Die Be... ...achhaltig sein, Umweltschäden müssen vermieden werden und sie soll auch Schutz vor dem Wasser gewähren. Dieses breite Aufgabenfeld verlangt differenzierte Ansätze, die aus Erkenntnissen der Geowissenschaften, Biologie, Ökologie, Gewässerchemie, Ingenieurhydrologie und der Arbeit der operationellen hydrologischen Dienste resultieren. Ökonomische und gesellschaftliche Aspekte müssen dabei berücksichtigt werden.

Eine derartige Unterschiedlichkeit in der Aufgabenstellung erzeugt eine große Bandbreite von Meinungen, die in diesem Kapitel vorgestellt werden. Fachleute aus Wissenschaft und hydrologischen Diensten wurden gebeten, ihre ganz persönlichen Ideen und Zielvorstellungen zur Hydrologie der Zukunft in wenigen Sätzen zu beschreiben.

Abbildung 5.1 Main bei Faulbach

Trennung des Vorhersagbaren vom nicht Vorhersagbaren sowohl bei Echtzeitprognosen als auch für längerfristige Aussagen (z.B. Klimaprojektionen, Güteparameter). Schließlich meine ich, dass der Footprint des Menschen in der Hydrologie eine stärkere Rolle spielen soll und wird. Der Mensch als Teil des hydrologischen Systems und nicht mehr als externer Einfluss. Spannende Arbeit liegt vor uns.

Günter Blöschl, Technische Universität Wien

In 2020 werden Ingenieure und Naturwissenschaftler erkannt und gegenseitig akzeptiert haben und wertschätzen, dass ihre jeweiligen Forschungsansätze, -methoden und

Abbildung 5.2 Schleuse an der Mühlendammbrücke in Berlin

Die nächsten Jahre und Jahrzehnte werden in der Hydrologie drei Tendenzen aufweisen. Zum einen wird sich die Zusammenarbeit mit den Schwesterdisziplinen verstärken, mit der Meteorologie sind wir ja heute schon ein großes Stück weiter als vor zwei Jahrzehnten; Ökologie, Bodenkunde und weitere Disziplinen müssen folgen. Zum anderen wird die Entwicklung der hydrologischen Prognosen m.E. in Richtung mehr Transparenz der Unsicherheiten gehen, also eine klarere

Abbildung 5.3 Schifffahrtskanal an der Fischerinsel in Berlin

5 Blick in die Zukunft der Hydrologie – Ideen und Ziele

-anwendungen sich oft in idealer Weise ergänzen. „Der Naturwissenschaftler" erkundet die Mechanismen wichtiger hydrologischer Prozesse, und „der Ingenieur" setzt hydrologisches Wissen zum Nutzen der Menschen um. Die wichtigsten hydrologischen Fragen und Probleme, z.B. Nutzung der Wasserressourcen, Hochwasserrisikomanagement, Wirkungen neuer Kontaminationen im Wasserkreislauf, Wechselwirkung zwischen Hydrologie, Geomorphologie und Ökologie, Stoffbilanz großer Einzugsgebiete, Ökonomie des Wassers, werden interdisziplinär und in der relevanten, meist regionalen Skala bearbeitet. Darauf basierend werden die Wasserressourcen deutlich nachhaltiger bewirtschaftet werden als heute.

Axel Bronstert, Universität

Bereits heute ist in vielen Regionen der Erde Wasser ei[n] knappes und umkämpftes Gut. Schenkt man den Klim[a]projektionen Glauben, wird sich die Wasserverknappun[g] in einigen Regionen der Erde noch verstärken und Verte[i]lungskämpfe werden zunehmen. Auch in Gebieten, die [nicht] mit Wassermangel zu kämpfen haben, werden die Extre[me] zunehmen, Niedrig- und Hochwasser werden häufiger u[nd] stärker auftreten. Aufgabe der Gewässerkunde heute wie künftig ist es, mit belastbaren Zahlen und Vorhersagen di[e] Basis für eine vorausschauende und nachhaltige Wasserwirtschaft zu schaffen. Moderne Gewässerkunde ist daher auch in der Zukunft unverzichtbar.

Albert Göttle, Bayerisches Landesamt für Umwelt, Augsburg

rheintal bei St. Goar

[...]-wasserwirtschaftlichen Aufgaben im Jahre [...] allem geprägt sein von der Wasserverfüg[ung in] ausreichender Menge und Qualität. Der anthropogene und klimatologische Wandel wird die Konflikte um die Wasserressourcen verschärfen. Die hydrologische Wissenschaft wird sich dabei auf die Erforschung des optimalen Einsatzes der Ressource Wasser für Landwirtschaft und Ernährung, für industrielle Zwecke und für die Trinkwasserversorgung konzentrieren. Dieses Ziel kann nur durch eine ganzheitliche Betrachtung erreicht werden, wobei hydrologische, ökonomische, soziologische und ökologische Disziplinen eng zusammenarbeiten müssen.

Markus Disse, Universität der Bundeswehr München

Die Hydrologie der Zukunft hat ihr Fundament in den Messungen und Beobachtungen der Vergangenheit. Ohne die Langzeitbeobachtung von Flusseinzugsgebieten wäre der Blick in eine Zukunft unter globalem Wandel nicht denkbar. Heute setzen wir integrierende Computermodelle ein, um die Brücke zwischen Wasserkreislauf, nachhaltiger Wassernutzung und Wasser als Lebensraum zu schlagen und erfolgreiche Strategien für die Hydrologie von morgen zu entwickeln. Mit zunehmender Rechenleistung und effizienten Algorithmen wird es uns vielleicht gelingen, wenigstens einen Teil der komplexen Wechselwirkungen natürlicher und anthropogen geprägter hydrologischer Systeme zu verstehen.

Nicola Fohrer, Universität Kiel

Die Hydrologie der Zukunft wird sich zunehmend mit der integrierten Betrachtung von Wasser und Energie, Wasser und Stoffhaushalt sowie Natur und Mensch auseinander setzen. Es wird mehr Daten durch neue Messmethoden wie Fernerkundung und verteilte Sensornetzwerke geben. Dies verlangt nach neuen Methoden der integrierten Datenauswertung und Modellierung. Prognosen mit Hilfe von Modellen berücksichtigen stärker die raum-zeitliche Dynamik, die Instationarität und die Unsicherheiten von Prozessen und Daten, wobei Ensembletechniken, Metamodelle und kombiniert stochastische-deterministische Ansätze an Bedeutung gewinnen. Verstärkte Anstrengungen sind notwendig, um diesen künftigen Anforderungen in Lehre und Weiterbildung gerecht zu werden.

Uwe Haberlandt, Universität Hannover

Der Hydrologe der Zukunft verfügt über ein kleines, leicht tragbares und vor allem mit dem Gewässer berührungsfrei arbeitendes Durchflussmessgerät. Durchflussmessstellen an Pegeln sind mit stationären Geräten ausgerüstet, die nach

Abbildung 5.5. Aare unterhalb des Brienzersees, Schweiz

5 Blick in die Zukunft der Hydrologie – Ideen und Ziele

dem gleichen Prinzip arbeiten und zuverlässig funktionieren. Messungen mit dem Handgerät benötigen nur einen Bruchteil des zeitlichen Aufwandes im Vergleich zu früherer mobiler Messtechnik. Neben vielen anderen positiven Effekten eröffnet sich damit dem Hydrologen die Möglichkeit, Prozessabläufe in den Fließgewässern detailliert zu untersuchen, z.B. zur lokalen Quantifizierung der Interaktion von Oberflächen- und Grundwasser.

Stefan Klitzsch, Landesamt für Umwelt, Naturschutz und Geologie Mecklenburg-Vorpommern, Güstrow

Der Nutzungsdruck auf die Ressource Wasser sowie die damit verbundenen Risiken, wie z.B. Hochwasser oder Dürren, werden zunehmen. Dies wiederum führt zur Verschärfung der Zielkonflikte zwischen Nutzung, Ressourcenschutz, Risikomanagement und Daseinsvorsorge. Die Hydrologie kann durch eine Verbesserung des Prozessverständnisses entscheidend zur Entschärfung dieser Zielkonflikte beitragen. Gestützt durch innovative Mess- und Analyseverfahren sowie interdisziplinäre Zusammenarbeit müssen die hydrologischen Modelle verbessert und die bestehenden Unsicherheiten in Raum und Zeit reduziert werden. Nur mit diesem Anspruch kann die Hydrologie die Antworten auf die Anforderungen der Zukunft geben.

Uwe Müller, Sächsisches Landesamt für Umwelt, Landwirtschaft und Geologie, Dresden

Mit der Entwicklung und Anwendung von neuartigen Datenerfassungssystemen für einzelne Wasser- und Energieflüsse werden Prozessstudien möglich, die es zumindest den Hydrologen in den entwickelten Industriestaaten erlauben werden, verbesserte, physikalisch begründete und kleinräumig anwendbare Modellkonzepte zu entwickeln. Zugleich werden sich jedoch in den wasserwirtschaftlichen Problemgebieten, d.h. in den Entwicklungs- und Schwellenländern, die Datenprobleme weiter verschärfen, wodurch in diesen Regionen die verstärkte Anwendung großräumiger konzeptioneller Modelle als Planungsgrundlage erforderlich wird. Um diese divergierenden Entwicklungen zu überbrücken und die resultierenden Skalenprobleme zu überwinden, ist eine verstärkte Kopplung von deterministischen, stochas-

Abbildung 5.6 Plansee in den Ammergauer Alpen, Tirol, Österreich

tischen und geostatistischen Ansätzen erforderlich, um so Interaktionen hydrologisch relevanter Landschaftsstrukturen abzubilden und räumlich übertragbare Modellkonzepte zu entwickeln. Dabei wird bei der Ermittlung und Bewertung anthropogener Einflüsse, z.B. Rodungen, und langfristiger Klimavariabilitäten mit quasiperiodischen Eigenschaften auch die Berücksichtigung hydrometeorologischer und hydrologischer Fernwirkungen an Bedeutung gewinnen.

Andreas Schumann, Ruhr-Universität Bochum

Die Hydrologie hat sich zu einer transdisziplinären Wissenschaft entwickelt, die einen maßgeblichen Beitrag zur Lösung der drängenden Wasserproblematik auf lokalem bis globalem Maßstab leistet. Ich blicke mit der Hoffnung in die Zukunft, dass sich dieser transdisziplinäre Forschungsansatz neben einem allein auf wissenschaftliche Exzellenz ausgerichteten disziplinären Umfeld behaupten möge. Eine durstige Welt braucht lösungsorientiert arbeitende Hydrologinnen und Hydrologen!

Rolf Weingartner, Universität Bern

Die Hydrologie der Zukunft kann auf eine lange, fundierte Tradition aufbauen. Sie ist ganzheitlich und wissenschaftlich fundiert. Transdisziplinäre Integration von Wissen stellt die Norm dar. Ein weiter entwickeltes Verständnis der quantitativen, qualitativen und ökologischen Zusammenhänge ermöglicht Prognosen über das Systemverhalten auch bei starken oder extremen Änderungen der physikalischen Randbedingungen.

Peter Heininger, Bundesanstalt für Gewässerkunde, Koblenz

Die Hydrologie ist ein „Key Player" bei der Abschätzung der Auswirkungen von globalen Veränderungen auf den Wasserhaushalt. Sie stellt die Grundlagen für die Maßnahmenplanung gegen deren negative Auswirkungen zur Verfügung. Die Beobachtung und Modellierung hydrologischer Systeme und Prozesse ist und bleibt deshalb eine wichtige Staatsaufgabe. Um diese Aufgabe optimal wahrnehmen zu können, muss sich die Hydrologie in der Politik besser verankern.

Manfred Spreafico, Universität Bern

Abbildung 5.7 Haldensee im Tannheimer Tal, Tirol, Österreich

5 Blick in die Zukunft der Hydrologie – Ideen und Ziele

Abbildung 5.8 Main bei Würzburg

Angesichts der steigenden Bedeutung der Ressource Wasser kann die Hydrologie zu einer Schlüsselwissenschaft der Zukunft werden. Voraussetzung ist ein selbstbewusstes Auftreten in der Öffentlichkeit und in der Wissenschaftscommunity und eine verbesserte Außendarstellung in der Öffentlichkeitsarbeit. Hydrologie muss wie im angelsächsischen Sinne als „Hydrology gleichbedeutend Wasserforschung" begriffen werden.

Christian Leibundgut, Universität Freiburg

Meine optimistische Sicht auf einen Aspekt der Hydrologie der Zukunft: Regional und global sind satelliten- und bodengestützte Mess- und Informationssysteme in Betrieb, die in Echtzeit und für alle Regionen dieser Erde räumlich und zeitlich hoch aufgelöste und frei verfügbare Daten über die verschiedenen Komponenten des Wasserkreislaufs und die anthropogenen Eingriffe liefern.

Bruno Merz, Deutsches GeoForschungsZentrum Potsdam

Die Hydrologie der letzten 200 Jahre hat insbesondere in den vergangenen 20 Jahren vermehrt an „ökologischem Gewicht" zugelegt. Sie hat die Ökologie der Fließgewässer entdeckt – endlich! – und den Zweig Öko-Hydrologie entwickelt. Der Limnologe, der die Qualität von Lebensräumen in Fließgewässern erfassen will, um damit letztlich auch Aussagen über die potentielle Biodiversität treffen zu können, muss sich neben gewässerchemischen und gewässermorphologischen Fragen auch mit dem Aspekt beschäftigen, wann wie viel Wasser wo zur Verfügung steht. Insofern stehen Limnologen Spalier für den Weg der Hydrologie in die Zukunft. Ohne Zweifel haben hydrologische Faktoren eine Steuerfunktion für Fließgewässerökosysteme und eine moderne Fließgewässerökologie ist deshalb ohne Hydrologie nicht möglich! Habitatmodelle, Gewässergütemodelle usw. sind ohne eigenständige hydrologische Module undenkbar.

Fritz Kohmann, Bundesanstalt für Gewässerkunde, Koblenz

Die Autoren

1 Hydrologische Tatsachen – was untersuchen Hydrologen?

Dipl.-Geogr. Gerhard Strigel, Dr. Anna-Dorothea Ebner von Eschenbach und Dr. Ulrich Barjenbruch, Bundesanstalt für Gewässerkunde, Koblenz

2 Erfassung hydrologischer Daten – was wird gemessen?

2.1 Von der Gewässerkunde zu hydrologischen Diensten

Dr. Mathias Deutsch, Sächsische Akademie der Wissenschaften zu Leipzig

2.2 Niederschlag

Dr. Gabriele Malitz, Deutscher Wetterdienst, Berlin

2.3 Verdunstung

Prof. Dr. Konrad Miegel, Universität Rostock
Prof. Dr. Christian Bernhofer, Technische Universität Dresden

2.4 Wasserstand

Dr. Mathias Deutsch, Sächsische Akademie der Wissenschaften zu Leipzig

2.5 Abfluss

Prof. Dr. Daniel L. Vischer, Eidgenössische Technische Hochschule Zürich, Schweiz
Dipl.-Ing. Matthias Adler, Bundesanstalt für Gewässerkunde, Koblenz

2.6 Grundwasser

Prof. Dr. Hartmut Wittenberg, Leuphana Universität Lüneburg

3 Bewirtschaftung der Wasserressourcen – wie wird vorgegangen?

3.1 Wasserbewirtschaftung
Hydrologie – vom sektoralen Denken zu komplexen Ansätzen

Prof. Dr. Stefan Kaden, Berlin

3.2 Siedlungswasserwirtschaft
Wasserversorgung und Abwasserentsorgung in Siedlungsräumen

Prof. Dr. Mathias Uhl, Fachhochschule Münster

3.3 Wasserqualität
Gewässerverunreinigung als Herausforderung

Dr. Daniel Schwandt, Bundesanstalt für Gewässerkunde, Koblenz

3.4 Hochwasser
Mehr Raum für die Fließgewässer

Dipl. Bau-Ing. Andreas Götz, Bundesamt für Umwelt, Bern, Schweiz

3.5 Gefahrenanalyse
Vom Sicherheitsdenken zur Risikobewertung

Prof. Dr. Andreas Schumann, Ruhr-Universität Bochum

3.6 Binnenschifffahrt
Ein Netz von Wasserstraßen

MDir Reinhard Klingen, Bundesministerium für Verkehr, Bau und Stadtentwicklung, Bonn

4 Herausforderungen in der Hydrologie – was muss bewältigt werden?

4.1 Trinkwasser
Die Fernwasserversorgung in Baden-Württemberg

Hans Dieter Sauer, Fachjournalist, Gauting

4.2 Globale Entwicklung
Wasser als limitierender Entwicklungsfaktor

Prof. Dr. Lucas Menzel, Ruprecht-Karls-Universität Heidelberg

4.3 Virtuelles Wasser
Woher stammt das Wasser, das in unseren Lebensmitteln steckt?

Dipl.-Ing. Dorothea August, World Wide Fund For Nature, Frankfurt/Main

4.4 Wasser und Nahrungsmittel
Gefährdet Wasserknappheit die Ernährungssicherheit?

Dr. Holger Hoff, Potsdam-Institut für Klimafolgenforschung

4.5 Ökologie der Gewässer
Aspekte eines ökologisch intakten Fließgewässers

Dr. Helmut Fischer, Bundesanstalt für Gewässerkunde, Koblenz

4.6 Wasserstandsvorhersage
Wasserstandsvorhersage für Hoch- und Niedrigwasser

Dipl.-Ing. Silke Rademacher, Bundesanstalt für Gewässerkunde, Koblenz

4.7 Klimawandel und Wasser
Auswirkungen der Erwärmung auf den Wasserhaushalt

Dr. Thomas Maurer und Dr. Hans Moser, Bundesanstalt für Gewässerkunde, Koblenz

5 Blick in die Zukunft der Hydrologie – Ideen und Ziele

Fachleute aus der Wissenschaft und den operationellen hydrologischen Diensten

Bildnachweis

1 Hydrologische Tatsachen – was untersuchen Hydrologen?

Grafiken: Abb. 1.1, 1.2, 1.3 – Bundesanstalt für Gewässerkunde, Koblenz
Fotos: Abb. 1.4 – Bundesanstalt für Gewässerkunde, Koblenz
Abb. 1.5 – B. Schädler, Universität Bern, Schweiz

2 Erfassung hydrologischer Daten – was wird gemessen?

2.1 Von der Gewässerkunde zu hydrologischen Diensten

Fotos: Abb. 2.1.1, 2.1.2, 2.1.3, 2.1.4, 2.1.5 – Bundesanstalt für Gewässerkunde, Koblenz
Quelle: Abb. 2.1.6 – Brandenburgisches Landeshauptarchiv Potsdam, Rep.2A Regierung Potsdam I LW Nr. 1548, Bl. 40

2.2 Niederschlag

Fotos: Abb. 2.2.1 – U. Eichelmann, Technische Universität Dresden
Abb. 2.2.4 – I. Lehner, Eidgenössische Technische Hochschule Zürich, Schweiz
Grafiken: Abb. 2.2.2 – E.E. Schmid (1860), S. 688
Abb. 2.2.3 – E.E. Schmid (1860), S. 689

2.3 Verdunstung

Fotos: Abb. 2.3.1 – Bidgee, www.wikipedia.org
Abb. 2.3.2, 2.3.3, 2.3.4 – K. Miegel, Universität Rostock
Abb. 2.3.5 – U. Eichelmann, Technische Universität Dresden

2.4 Wasserstand

Fotos: Abb. 2.4.1, 2.4.3, 2.4.4, 2.4.5, 2.4.9 – Bundesanstalt für Gewässerkunde, Koblenz
Abb. 2.4.2 – unbekannte Quelle
Abb. 2.4.6 – B. Kowalski, Thüringer Landesanstalt für Umwelt und Geologie (TLUG), Jena, Außenstelle Suhl
Abb. 2.4.7, 2.4.8 – Thüringer Landesanstalt für Umwelt und Geologie (TLUG) Jena - Außenstelle Suhl
Grafik: Abb. 2.4.10 – WHYCOS Guidelines, 2005

2.5 Abfluss

Zeichnungen:
Abb. 2.5.1 – Recherches Hydrauliques ... entreprises par M.H. Darcy et continuées par M.H. Bazin, Dunod, Paris 1865, planche IV
Abb. 2.5.2 – BISWAS (1970)
Fotos: Abb. 2.5.3, 2.5.4, 2.5.5, 2.5.8, 2.5.9 – Bundesanstalt für Gewässerkunde, Koblenz
Abb. 2.5.6, 5.5.7 – Abteilung Hydrologie, Bundesamt für Umwelt, Bern, Schweiz

2.6 Grundwasser

Grafiken:	Abb. 2.6.1 – Bundesanstalt für Gewässerkunde, Koblenz
	Abb. 2.6.2 – Koehne, 1928 (verändert)
	Abb. 2.6.6 – Landeswasserversorgung Stuttgart (verändert)
Fotos:	Abb. 2.6.3 – H. M. Holländer, Landesamt für Bergbau, Energie und Geologie, Hannover
	Abb. 2.6.4 – S. Schümberg, Brandenburgische Technische Universität, Cottbus
	Abb. 2.6.5 – H. M. Holländer, Landesamt für Bergbau, Energie und Geologie, Hannover
	Abb. 2.6.7 – S. Wohnlich, Ruhr-Universität, Bochum

3 Bewirtschaftung der Wasserressourcen – wie wird vorgegangen?

3.1 Wasserbewirtschaftung
Hydrologie – vom sektoralen Denken zu komplexen Ansätzen

Fotos:	Abb. 3.1.1, 3.1.4, 3.1.9 – Bundesanstalt für Gewässerkunde, Koblenz
	Abb. 3.1.2 – WSA Hamburg 19.07.2007
	Abb. 3.1.3 – J. Cemus, WSA Hann. Münden
	Abb. 3.1.6 – S. Kaden, Berlin
	Abb. 3.1.8, 3.1.11 – Vattenfall
	Abb. 3.1.12 – Sammlung M. Deutsch
Grafiken:	Abb. 3.1.5 – Global Water Partnership 2000
	Abb. 3.1.7 – Bundesanstalt für Gewässerkunde, Koblenz
	Abb. 3.1.10 – Kaden et. al., 2010

3.2 Siedlungswasserwirtschaft
Wasserversorgung und Abwasserentsorgung in Siedlungsräumen

Grafiken:	Abb. 3.2.1, 3.2.2 – M. Uhl, FH Münster, Fachbereich Bauingenieurwesen
Fotos:	Abb. 3.2.3, 3.2.5 – Bundesanstalt für Gewässerkunde, Koblenz
	Abb. 3.2.4, 3.2.6, 3.2.7 – M. Uhl, FH Münster, Fachbereich Bauingenieurwesen

3.3 Wasserqualität
Gewässerverunreinigung als Herausforderung

Grafik:	Abb. 3.3.1 – G. Steinebach, M. Hilden, M. Keller, Bundesanstalt für Gewässerkunde, Koblenz
Fotos:	Abb. 3.3.2, Abb. 3.3.3 – Stadtarchiv Worms
	Abb. 3.3.4 – G. Hübner, Bundesanstalt für Gewässerkunde Koblenz
	Abb. 3.3.5, 3.3.6 – D. Schwandt, Bundesanstalt für Gewässerkunde Koblenz

3.4 Hochwasser
Mehr Raum für die Fließgewässer

Fotos:	Abb. 3.4.1, 3.4.2, 3.4.5, 3.4.7 – Bundesanstalt für Gewässerkunde, Koblenz
	Abb. 3.4.3 – Thüringer Talsperren- und gewässerkundliches Archiv Tambach-Dietharz, Fotosammlung, ohne Signatur
	Abb. 3.4.4 – Sammlung M. Deutsch
	Abb. 3.4.6 – Bayerisches Landesamt für Umwelt, Augsburg

Bildnachweis

3.5 Gefahrenanalyse
Vom Sicherheitsdenken zur Risikobewertung

Fotos: Abb. 3.5.1, 3.5.2 – Bundesanstalt für Gewässerkunde, Koblenz
Abb. 3.5.4, 3.5.5, 3.5.6, 3.5.7, 3.5.8 – A. Schumann, Ruhr-Universität Bochum
Abb. 3.5.5 oben – Schumann, A.H. (2004)
Abb. 3.5.9 – Sammlung M. Deutsch

Grafik: Abb. 3.5.3 – A. Schumann, Ruhr-Universität Bochum

3.6 Binnenschifffahrt
Ein Netz von Wasserstraßen

Fotos: Abb. 3.6.1, 3.6.2, 3.6.3, 3.6.4, 3.6.7 – Bundesanstalt für Gewässerkunde, Koblenz
Abb. 3.6.6 – © euroluftbild.de, www.wsv.de

Grafiken: Abb. 3.6.5 – Bundesanstalt für Wasserbau, Karlsruhe
Abb. 3.6.8 – Gütertransport mit Power, eine gemeinsame Veröffentlichung von EBU, IVR und BVB (2009)

4 Herausforderungen in der Hydrologie – was muss bewältigt werden?

4.1 Trinkwasser
Die Fernwasserversorgung in Baden-Württemberg

Grafiken: Abb. 4.1.1, 4.1.3 – Zweckverband Bodensee-Wasserversorgung
Abb. 4.1.2, 4.1.5 – Landeswasserversorgung Stuttgart

Fotos: Abb. 4.1.4, 4.1.6, 4.1.7 – Landeswasserversorgung Stuttgart

4.2 Globale Entwicklung
Wasser als limitierender Entwicklungsfaktor

Fotos: Abb. 4.2.1, 4.2.2 – L. Menzel, Universität Heidelberg
Abb. 4.2.3, 4.2.4, 4.2.5, 4.2.6 – Bundesanstalt für Gewässerkunde, Koblenz

4.3 Virtuelles Wasser
Woher stammt das Wasser, das in unseren Lebensmitteln steckt?

Grafiken: Abb. 4.3.1 – WWF (verändert)
Abb. 4.3.2 – World Water Development Report 3, S. 35 (verändert)

4.4 Wasser und Nahrungsmittel
Gefährdet Wasserknappheit die Ernährungssicherheit?

Grafik: Abb. 4.4.1 – Hoff, H. (2009)
Fotos: Abb. 4.4.2, 4.4.3, 4.4.4 – Bundesanstalt für Gewässerkunde, Koblenz

4.5 Ökologie der Gewässer
Aspekte eines ökologisch intakten Fließgewässers

Fotos: Abb. 4.5.1 – B. Grüneberg, BTU Cottbus
Abb. 4.5.2, 4.5.4 – B. Mockenhaupt, Bundesanstalt für Gewässerkunde, Koblenz
Abb. 4.5.5 – Aueninstitut Neuburg

Grafik:	Abb. 4.5.3 – P. Horchler, Bundesanstalt für Gewässerkunde, Koblenz, nach Ellenberg 1986, verändert

4.6 Wasserstandsvorhersage
Wasserstandsvorhersage für Hoch- und Niedrigwasser

Fotos:	Abb. 4.6.2, 4.6.3 – Bundesanstalt für Gewässerkunde, Koblenz
Grafiken:	Abb. 4.6.1 – Screenshot www.hochwasserzentralen.de
	Abb. 4.6.4 – Bundesanstalt für Gewässerkunde, Koblenz

4.7 Klimawandel und Wasser
Auswirkungen der Erwärmung auf den Wasserhaushalt

Grafiken:	Abb. 4.7.1 – WMO Statement on the status of the global climate 2009, WMO-No 1055 (verändert)
	Abb. 4.7.2 – Nilson E. et al. (2010), Datenquellen: SRES (Nakicenovic, et al., 2000); ENS (van Vuuren et al., 2007, ENSEMBLES, 2009); Mauna Loa (Tans, 2009)
	Abb. 4.7.3, Abb. 4.7.4 – J. Belz, Bundesanstalt für Gewässerkunde, Koblenz
Fotos:	Abb. 4.7.5 – KLIWA, 2009.
	Abb. 4.7.6 – Bundesanstalt für Gewässerkunde, Koblenz

5 Blick in die Zukunft der Hydrologie – Ideen und Ziele

Fotos:	Abb. 5.1, 5.2, 5.3, 5.4, 5.5, 5.6, 5.7 – Bundesanstalt für Gewässerkunde, Koblenz

Literaturverzeichnis

Wegen der besseren Lesbarkeit wurde auf direkte Literaturzitate im Text verzichtet. Die folgenden Literaturangaben geben einen Überblick über die für die einzelnen Kapitel genutzte Literatur und auch Hinweise, wo weitere oder vertiefende Informationen zu finden sind.

1 Hydrologische Tatsachen – was untersuchen Hydrologen?

BAUMGARTNER, A. & H.-J. LIEBSCHER (1996): Lehrbuch der Hydrologie, Bd.1, Allgemeine Hydrologie, Quantitative Hydrologie, Borntraeger, Berlin/Stuttgart, 694 S.
BMU (2003): Hydrologischer Atlas von Deutschland

2 Erfassung hydrologischer Daten – was wird gemessen?

2.1 Von der Gewässerkunde zu hydrologischen Diensten

FRIEDRICH, W. (1977): Keller, Hermann, Neue Deutsche Biographie, Bd. 11, S. 455 ff.
GÖTTLE, A., M. ALTMAYER & A. VOGELBACHER (2010): Entwicklung und Aufgaben des gewässerkundlichen Dienstes in Bayern. Hydrologie und Wasserbewirtschaftung, 54. Jg., H. 2, S. 75–84
SCHRODER, G. (1952): Rückblick und Ausblick. Gedenkschrift der Bundesanstalt für Gewässerkunde zur 50-jährigen Wiederkehr der Gründung der Preußischen Landesanstalt für Gewässerkunde, Besondere Mitteilungen zum Deutschen Gewässerkundlichen Jahrbuch Nr. 4, herausgegeben von der Bundesanstalt für Gewässerkunde in Bielefeld, S. 6–9

2.2 Niederschlag

SCHMID, E.E. (1860): Lehrbuch der Meteorologie. Verlag Leopold Voss, Leipzig

2.3 Verdunstung

BAUMGARTNER, A. & H.-J. LIEBSCHER (1996): Lehrbuch der Hydrologie, Bd.1, Allgemeine Hydrologie, Quantitative Hydrologie. Borntraeger, Berlin/Stuttgart, 694 S.
FOKEN, T. (2006): Angewandte Meteorologie. Springer Verlag, Berlin

2.4 Wasserstand

CIRKULAR (1871): Nr. 248 – Cirkular an sämmtliche Königliche Regierungen und Landdrosteien, sowie auch an die Königliche Ministerial=Bau=Kommission, die Beobachtung der Wasserstände an den Hauptpegeln betreffend, vom 14. September 1871, Instruktion über die Beobachtung und Zusammenstellung der Wasserstände an den Hauptpegeln. Ministerial=Blatt für die gesammte innere Verwaltung in den Königlich Preußischen Staaten. Herausgegeben im Bureau des Ministeriums des Innern, 32. Jg., 1871, Berlin, J. F. Starke, S. 312–314
DEUTSCH, M. (2010): Zur Geschichte des preußischen Pegelwesens im 19. Jahrhundert. Hydrologie und Wasserbewirtschaftung, 54. Jg., H. 2, S. 65–74
ECKOLDT, M. (1965): Johann Albert Eytelweyn (1764–1848) zu seinem 200. Geburtstag. Deutsche Gewässerkundliche Mitteilungen, H. 1, S. 1–8

FÜGNER, D. (1990): Die historische Entwicklung des hydrologischen Meßwesens in Sachsen. Deutsche Gewässerkundliche Mitteilungen, H. 5/ 6, S. 156–160

LAWA (1997): Pegelvorschrift, Stammtext, 4. Auflage. Kulturbuch-Verlag GmbH Berlin, 105 S. u. Anlagen A bis E

WHYCOS (2005): WMO WHYCOS Guidelines – Hydrological information systems for integrated water resources management. www.whycos.org

2.5 Abfluss

BISWAS, A.K. (1970): History of Hydrology. North Holland Publishing Company, Amsterdam-London, S. 144–146

VISCHER, D.L. (2010): Die Entwicklung der Abflussmesser vom treibenden Blatt zum Messflügel und wieder zurück. Hydrologie und Wasserbewirtschaftung, 54. Jg., H. 2, S. 129–137

VISCHER, D.L. & H.-P. HÄCHLER (1993): Ein Durchbruch in der Abflussmessung? – Wasser, Energie, Luft 85, H.7/8, S. 123–133

2.6 Grundwasser

GIESSLER, A. (1957): Das unterirdische Wasser. VEB Deutscher Verlag der Wissenschaften, Berlin

KOEHNE, W. (1928): Grundwasserkunde. Schweizerbart, Stuttgart, 221 S.

KOEHNE, W. (1933): Ein Gedenkjahr der Grundwasserkunde, zwanzig Jahre regelmäßige Messungen. Die Naturwissenschaften, 21, H. 28, 525–527

PETTENKOFER, M. v. (1869): Boden und Grundwasser in ihren Beziehungen zu Cholera und Typhus. Zeitschrift für Biologie, 171–310

SANDER, F. (1872): Untersuchungen über die Cholera in ihren Beziehungen zu Boden und Grundwasser, zu socialen und Bevölkerungsverhältnissen. Dumont-Schauberg, Köln

3 Bewirtschaftung der Wasserressourcen – wie wird vorgegangen?

3.1 Wasserbewirtschaftung
Hydrologie – vom sektoralen Denken zu komplexen Ansätzen

DYCK, S. (1976): Angewandte Hydrologie, Teil 2. VEB Verlag für Bauwesen, Berlin, 544 S.

ENGELS, H. (1921): Handbuch des Wasserbaus, Band 1. Verlag von Wilhelm Engelmann, Leipzig, 831 S.

EU-HWRL (2007): RICHTLINIE 2007/60/EG DES EUROPÄISCHEN PARLAMENTS UND DES RATES vom 23. Oktober 2007 über die Bewertung und das Management von Hochwasserrisiken, Amtsblatt Nr. L 288 vom 06/11/2007, S. 0027–0034

EU-WRRL (2000): RICHTLINIE 2000/60/EG DES EUROPÄISCHEN PARLAMENTS UND DES RATES vom 23. Oktober 2000 zur Schaffung eines Ordnungsrahmens für Maßnahmen der Gemeinschaft im Bereich der Wasserpolitik, Amtsblatt Nr. L 327 vom 22/12/2000 S. 0001 – 0073

GLOBAL WATER PARTNERSHIP (2000): Integrated Water Resources Management. TAC Background Paper No. 4, GWP Publishing

GLOWA (2008): GLOWA – Globaler Wandel des Wasserkreislaufes. BMBF-Förderprogramm. IHP/HWRP-Berichte, H. 7, 79 S.

KADEN, S., M. KALTOFEN, R. TIMMERMANN, F. WECHSUNG, T. LÜLLWITZ & M. ROERS (2010): Die Elbe-Expert-Toolbox – Ein

Entscheidungshilfesystem für das integrale wasserwirtschaftliche, (öko-)hydrologische und sozioökonomische Management eines Flusseinzugsgebietes. Tagungsband, AGIT, Salzburg

SCHLEICHER, F. (1955): Taschenbuch für Bauingenieure, 2. Band. Springer-Verlag, Berlin/Göttingen / Heidelberg, 1159 S.

SCHRAMM, M. (1994): Bewirtschaftungsmodelle LBM und GRM und ihre Anwendung auf das Spreegebiet. Vortrag zum Kolloquium „Wasserbewirtschaftung an Bundeswasserstraßen". 02.02.1994, Berlin. BfG Mitteilung Nr. 8, Herausgeber Bundesanstalt für Gewässerkunde Koblenz/Berlin

UFZ (2009): IWRM Integriertes Wasserressourcen-Management: Von der Forschung zur Umsetzung. Helmholtz-Zentrum für Umweltforschung (UFZ), 56 S.

WECHSUNG, F., S. KADEN, H. BEHRENDT & B. KLÖCKING (Eds.) (2008): Integrated Analysis of the Impacts of Global Change on Environment and Society in the Elbe River Basin. Weißensee Verlag, Berlin, 401 p.

3.2 Siedlungswasserwirtschaft
Wasserversorgung und Abwasserentsorgung in Siedlungsräumen

ARBEITSBLATT DWA-A 100 (2006): Leitlinien der integralen Siedlungsentwässerung. Deutsche Vereinigung für Wasserwirtschaft, Abwasser und Abfall e.V. (DWA), Hennef

BORCHARDT, D. (1991): Ein Beitrag zur ökologischen Bewertung von Mischwassereinleitungen in Fließgewässer. Z. Wasser-Abwasser-Forschung 24, S. 221–225

BWK-M3 (2007): Merkblatt BWK-M3 Ableitung von immissionsorientierten Anforderungen an Misch- und Niederschlagswassereinleitungen unter Berücksichtigung örtlicher Verhältnisse, BWK Bund der Ingenieure für Wasserwirtschaft, Abfallwirtschaft und Kulturbau e.V., Düsseldorf, 4. Auflage

BWK-M7 (2008): Merkblatt BWK-M7 Detaillierte Nachweisführung immissionsorientierter Anforderungen an Misch- und Niederschlagswassereinleitungen gemäß BWK-Merkblatt 3, BWK Bund der Ingenieure für Wasserwirtschaft, Abfallwirtschaft und Kulturbau e.V., Düsseldorf

DWA (2008): 21. Leistungsvergleich kommunaler Kläranlagen. DWA Deutsche Vereinigung für Wasserwirtschaft, Abwasser und Abfall e.V., Hennef

EG WASSERRAHMENRICHTLINIE (EG WRRL) (2000): Richtlinie 2000/60/EG des Europäischen Parlamentes und des Rates vom 23.10.2000 zur Schaffung eines Ordnungsrahmens für Maßnahmen der Gemeinschaft im Bereich der Wasserpolitik. Amtsblatt der Europäischen Gemeinschaften L 327/1, 22.12.2000

GESETZ ZUR ORDNUNG DES WASSERHAUSHALTES (Wasserhaushaltsgesetz, WHG) (2009): Stand 31.7.2009, BGBl. I S. 2585

GUJER, W. (2007): Siedlungswasserwirtschaft. 3. Auflage. Springer Verlag, Berlin

HOSANG, W. & W. BISCHOFF (1998): Abwassertechnik. 2. Auflage, B.G. Teubner, Stuttgart Leipzig

MUNLV (2006): Entwicklung und Stand der Abwasserbeseitigung in Nordrhein-Westfalen. Ministerium für Umwelt und Naturschutz, Landwirtschaft und Verbraucherschutz des Landes Nordrhein-Westfalen (Hrsg.), 12. Auflage

MUTSCHMANN, J. & F. STIMMELMEYER (2007): Taschenbuch der Wasserversorgung. Friedr. Vieweg & Sohn Verlag, Wiesbaden

LIJKLEMA, L., R.M.M. ROIJAKERS & C.G.M. CUPPEN (1989): Biological assessment of effects of CSOs and stormwater discharges. Ellis JB (Hrsg.): Urban discharges and receiving water quality impacts. Advances in WaterPollutionControl 7, pp. 37–46

STATISTISCHES BUNDESAMT (2008): Nachhaltige Entwicklung in Deutschland – Indikatorenbericht 2008. Hrsg. Statistisches Bundesamt, Wiesbaden

STATISTISCHES BUNDESAMT (2009 a): Öffentliche Wasserversorgung und Abwasserbeseitigung – Fachserie 19 Reihe 2.1 – 2007, Hrsg. Statistisches Bundesamt, Wiesbaden

STATISTISCHES BUNDESAMT (2009 b): Nichtöffentliche Wasserversorgung und Abwasserbeseitigung – Fachserie 19 Reihe 2.2 – 2007, Hrsg. Statistisches Bundesamt, Wiesbaden

VERORDNUNG ÜBER ANFORDERUNGEN AN DAS EINLEITEN VON ABWASSER IN GEWÄSSER (Abwasserverordnung – AbwV) (2004): Fassung der Bekanntmachung vom 17. Juni 2004 (BGBl. I S.1108, 2625), zuletzt geändert durch Artikel 20 des Gesetzes vom 31. Juli 2009 (BGBl. I S.2585)

VERORDNUNG ÜBER DIE QUALITÄT VON WASSER FÜR DEN MENSCHLICHEN GEBRAUCH (TrinkwV 2001), Fassung vom 21. Mai 2001, Bundesgesetzblatt I S. 959

3.3 Wasserqualität
Gewässerverunreinigung als Herausforderung

LAUTERBORN, R. (1905): Die Ergebnisse einer biologischen Probeuntersuchung des Rheins. – Arb. a. d. Kaiserl. Gesundheitsamte, Bd. 22, S. 630–652

SCHWANDT, D., M. DEUTSCH & M. KELLER (2010): Die Anfänge systematischer chemisch-physikalischer Gewässeruntersuchungen in den Flussgebieten von Elbe und Rhein – historische Situation, Akteure, Entwicklungsstränge. Hydrologie und Wasserbewirtschaftung, 54. Jg., H. 2, S.116–128

3.4 Hochwasser
Mehr Raum für die Fließgewässer

HEILAND, P. (2002): Vorsorgender Hochwasserschutz durch Raumordnung, interregionale Kooperation und ökonomischen Lastenausgleich. Schriftenreihe WAR, Nr. 143. Herausgegeben vom Verein zur Förderung des Instituts WAR, Wasserversorgung und Grundwasserschutz, Abwassertechnik, Abfalltechnik, Industrielle Stoffkreisläufe, Umwelt- und Raumplanung der Technischen Universität Darmstadt. Institut WAR, Darmstadt 2002, ISBN 3-932518-39-X

JÜPNER, R. (Hrsg.) (2005): Hochwassermanagement. Magdeburger wasserwirtschaftliche Hefte, Band 2005,1. Shaker, Aachen, ISBN 3-8322-4417-4

3.5 Gefahrenanalyse
Vom Sicherheitsdenken zur Risikobewertung

SCHUMANN, A.H. (2004): Nach dem Hochwasser ist vor dem Hochwasser. Wissenschaftsmagazin der Ruhr-Universität Bochum, Rubin, S. 36–44

BROCKHAUS ENZYKLOPÄDIE (1990): Bd. 11, 19. Aufl., Mannheim

3.6 Binnenschifffahrt
Ein Netz von Wasserstraßen

DONAU, H. (2010): Fließende Straßen, lebendige Flüsse, unveröffentlichter Bericht

WSV (Hrsg.) (2007): Verkehrswirtschaftlicher und ökologischer Vergleich der Verkehrsträger Straße, Schiene und Wasserstraße: Schlussbericht. www.wsd-ost.wsv.de

4 Herausforderungen in der Hydrologie – was muss bewältigt werden?

4.1 Trinkwasser
Die Fernwasserversorgung in Baden-Württemberg

LANDESWASSERVERSORGUNG BADEN-WÜRTTEMBERG (2009): Unternehmenspräsentation. www.lw-online.de

BODENSEE-WASSERVERSORGUNG (2008): Kristallklar, Das Magazin der Bodensee-Wasserversorgung, Heft 101 und 102, www.zvbwv.de

4.2 Globale Entwicklung
Wasser als limitierender Entwicklungsfaktor

KREUTZMANN, H. (2006): Wasser und Entwicklung. Geographische Rundschau 58, H. 2, 4–11

MENZEL, L. & A. MATOVELLE (2010): Current state and future development of blue water availability and blue water demand: A view at seven case studies. Journal of Hydrology 384, 245–263

MÜLLER-MAHN, D. (2006): Wasserkonflikte im Nahen Osten – eine Machtfrage. Geographische Rundschau 58, H. 2, 40–48

4.3 Virtuelles Wasser
Woher stammt das Wasser, das in unseren Lebensmitteln steckt?

CHAPAGAIN, A.K. & A.Y. HOEKSTRA (2008): The global component of freshwater demand and supply: An assessment of virtual water flows between nations as a result of trade in agricultural and industrial products. – Water International 33(1): 19–32

WORLD WATER DEVELOPMENT REPORT 3 (2009): p.35. www.unesco.org/water/wwap/wwdr/wwdr3/

WWF (Hrsg.) (2009): Der Wasser-Fußabdruck Deutschlands. 40 S.

4.4 Wasser und Nahrungsmittel
Gefährdet Wasserknappheit die Ernährungssicherheit?

HOFF, H. (2009): Verbessertes Wassermanagement kann Ernährungskrisen eindämmen. Hydrologie und Wasserbewirtschaftung, 53. Jg., H. 4, S. 263–265

4.5 Ökologie der Gewässer
Aspekte eines ökologisch intakten Fließgewässers

SCHWOERBEL, J & H. BRENDELBERGER (2005): Einführung in die Limnologie. 9. Aufl. Spektrum Akademischer Verlag, Heidelberg, 340 S.

4.6 Wasserstandsvorhersage
Wasserstandsvorhersage für Hoch- und Niedrigwasser

FÜGNER, D. (1995): Hochwasserkatastrophen in Sachsen. Tauchaer Verlag, Taucha

4.7 Klimawandel und Wasser
Auswirkungen der Erwärmung auf den Wasserhaushalt

BELZ, J., G. BRAHMER, H. BUITEVELD, H. ENGEL, R. GRABHER, HP. HODEL, P. KRAHE, R. LAMMERSEN, M. LARINA, H.-G. MENDEL, A. MEUSER, G. MÜLLER, B. PLONKA, L. PFISTER & W. VAN VUUREN (2007): Das Abflussregime des Rheins und seiner Nebenflüsse im 20 Jahrhundert. KHR-Bericht I–22

BMVBS (2007): Schifffahrt und Wasserstraßen in Deutschland – Zukunft gestalten im Zeichen des Klimawandels – Bestandsaufnahme, abrufbar unter www.bmvbs.de

BMVBS (2009): KLIWAS – Auswirkungen des Klimawandels auf Wasserstraßen und Schifffahrt in Deutschland – Tagungsband der ersten KLIWAS-Statuskonferenz, abrufbar unter www.bmvbs.de

BUNDESKABINETT (2008): Deutsche Anpassungsstrategie an den Klimawandel, abrufbar unter www.bmu.de/klimaschutz/downloads/doc/42783.php

ENSEMBLES (2009): Climate change and its impacts at seasonal, decadal and centennial timescales. Abschlussbericht ENSEMBLES. 164 S.

GÖRGEN, K., J. BEERSMA, G. BRAHMER, H. BUITEVELD, M. CARAMBIA, O. DE KEIZER, P. KRAHE, E. NILSON, R. LAMMERSEN, C. PERRIN & D. VOLKEN (2010): Assessment of Climate Change Impacts on Discharge in the Rhine River Basin: Results of the RheinBlick2050 project. KHR-Bericht I–23

IPCC (2007a): Fourth Assessment – Climate Change 2007: The Physical Science Basis. Contribution of Working Group I of the Fourth Assessment Report (AR4) of the Intergovernmental Panel on Climate Change (Solomon, S., Qin, D., Manning, M., Chen, Z., Marquis, M., Averyt, K. B., Tignor, M., Miller, H. L. (eds.)). Cambridge University Press, Cambridge, United Kingdom and New York, NY, USA, 996 pp.

IPCC (2007b): Zusammenfassungen für politische Entscheidungsträger. In: Klimaänderung 2007: Auswirkungen, Anpassung, Verwundbarkeiten. Beiträge der Arbeitsgruppen I, II und III zum zum Vierten Sachstandsbericht des Zwischenstaatlichen Ausschusses für Klimaänderung (IPCC). Cambridge University Press, Cambridge, UK. Deutsche Übersetzung durch ProClim-, österreichisches Umweltbundesamt, deutsche IPCC Koordinationsstelle, Bern/Wien/Berlin, 2007, abrufbar unter www.proclim.ch/4dcgi/proclim/de/Media?555

KLIWA (2009): Klimawandel im Süden Deutschlands – Ausmaß-Folgen-Strategien, abrufbar unter www.kliwa.de

KRAHE, P., NILSON, E., CARAMBIA, M., MAURER, T., TOMASSINI, L., BÜLOW, K., JACOB, D., MSER, H. (2009): Wirkungsabschätzung von Unsicherheiten der Klimamodellierung in Abflussprojektionen – Auswertung eines Multimodell-Ensembles im Rheingebiet. Hydrologie und Wasserbewirtschaftung, 54 Jg., H. 5, S. 316–331

NAKICENOVIC, N. (ed.) (2000): IPCC Special report on Emission Scenarios. Summary for Policymakers. ISBN 92-9169-113-5, 27 S.

Literaturverzeichnis

Nilson, E., M. Carambina, P. Krahe, T. Maurer & H. Moser (2010): Auswirkungen des Klimawandels auf Wasserstraßen und Schifffahrt in Deutschland. KLIWA-Heft 15, ISBN 978-3-933123-20-6, S. 265–277

Tans, P. (2009): Trends in Atmospheric Carbon Dioxide – Mauna Loa. NOAA/ESRL, abrufbar unter www.esrl.noaa.gov/gmd/ccgg/trends/

Vuuren, D.P. Van, M.G.J. Den Elzen, P.L. Lucas, P. Eickhout, B.J. Strengers, B. Van Ruijven, S. Wonink & R. Van Houdt (2007): Stabilizing greenhouse gas concentrations at low levels: an assessment of reduction strategies and costs. Climatic Change 81 (2): 119–159

Stichwortverzeichnis

Abfluss 33
Abflussmessung 31, 34
Abwasserbehandlung 51
Abwasserentsorgung 49
ADCP 33

Bemessungshochwasser 65, 67
Bewässerungslandwirtschaft 86
Bewässerungsprojekt 85
Bewirtschaftung 43
Binnenschiff 76
Binnenschifffahrt 70, 71
Blaues Wasser 93
Brunnenpfeife 40, 41
Bundeswasserstraßen 16

Class-A-pan 20
CO_2-Konzentration 106

Durchgängigkeit 99
EG-Hochwasserrisikomanagementrichtlinie 48
EG-Wasserrahmenrichtlinie 48
Entwicklungsfaktor 82
Ernährungssicherheit 91, 96
Eutrophierung 97

Fernwasserversorgung 77
Fisch 98

Fischaufstiegsanlage 99
Flussgebietskommission 59
Flutbewässerung 90

Ganglinie 33
Gefahrenanalyse 61
Gefahrenkarte 61
Geschwindigkeitsmessung 32
Gewässergüte 96
Gewässermorphologie 97
Gewässerschutz 52
Gewässerverunreinigung 54
GLOWA 46
Grundwasser 37
Grundwassermessstelle 39
Grünes Wasser 93

Häufigkeit 65
Hochwasser 60, 64, 67
Hochwasserschutz 61, 65
Hydrologie 7, 10
Hydrologische Dienste 16
Hydrologisches Regime 7
Hydrometrischer Flügel 33

IWRM 45, 88

Jahrhunderthochwasser 66

Kleine Eiszeit 110
Klima 105
Klimaänderungszuschlag 108
Klimamodell 106
Klimawandel 104, 108, 109

Landeswasserversorgung 80
Lichtlot 41
Lysimeter 21, 22

Makrozoobenthos 98
Methan 105
Mittellandkanal 72

Natürlicher Klimawandel 110
Niederschlag 17
Niederschlagsmesser 17
Niederschlagsradar 19
Niedrigwasser 45, 103
Niedrigwasseraufhöhung 44

Ökologie 97

Pegelordnung 27
Pharmazeutische Substanzen 52
Plankton 97

Radarpegel 26
Rain Water Harvesting 86

Raumbedarf 62
Regenfeldbau 94
Regenwasser 50, 53
Restrisiko 68
Risikobewertung 63
Risikomanagement 69
Rollbandpegel 30

Sauerstoffgehalt 55
Schiffshebewerk 73
Schreibpegel 30
Schwimmkörper 33
Siedlungsdruck 60
Siedlungswasserwirtschaft 50
Staustufen 74
Strömungssonde 36
Systemhydrologie 45

Technischer Hochwasserschutz 60
Tracer 34

Treibhauseffekt 104
Treibhausgase 105
Trinkwasserbedarf 11, 82
Trockengebiet 83
Trockenregion 87

Überleitung 111
Unversiegelte Fläche 49
Urbanisierung 50

Verdünnungsverfahren 34
Verdunstung 20, 24
Versiegelte Fläche 49
Virtueller Wasserhandel 90

Wahrscheinlichkeit 65, 66
Wasserbedarf 51
Wasserbewirtschaftung 46
Wasserdargebot 7
Wasser-Fußabdruck 88, 89

Wasserhaushalt 104
Wasserknappheit 91, 93, 96
Wasserkreislauf 8
Wasserpflanzen 99
Wasserproduktivität 95
Wasserressourcen 43
Wasserstand 25
Wasserstandsvorhersage 100, 103
Wasserstraßen 70
Wasserstraßenkreuz 74
Wasserstress 90
Wasserverbrauch 88
Wasserversorgung 49, 51
Wechselwirkung 47
Weltbevölkerung 82